U0155244

Animal Migration

美丽的地球

大迁徙

地球上最伟大的生命旅程

[英] 本·霍尔 / 著　平晓鸽 / 译

中信出版集团 | 北京

图书在版编目（CIP）数据

美丽的地球. 大迁徙：地球上最伟大的生命旅程 /（英）本·霍尔著；平晓鸽译. -- 北京：中信出版社，2020.7（2023.11重印）

书名原文: Animal Migration:Remarkable Journeys in the Wild

ISBN 978-7-5217-1889-8

Ⅰ. ①美… Ⅱ. ①本… ②平… Ⅲ. ①动物－迁徙－通俗读物 Ⅳ. ①Q958.13-49

中国版本图书馆CIP数据核字(2020)第083625号

美丽的地球
大迁徙：地球上最伟大的生命旅程

著　　者：［英］本·霍尔
译　　者：平晓鸽
策划推广：北京地理全景知识产权管理有限责任公司
出版发行：中信出版集团股份有限公司
（北京市朝阳区东三环北路27号嘉铭中心　邮编100020）
承 印 者：北京中科印刷有限公司
制　　版：北京美光设计制版有限公司

开　　本：720mm×960mm 1/16　　印　　张：16　　字　　数：400千字
版　　次：2020年7月第1版　　印　　次：2023年11月第3次印刷
京权图字：01-2020-2729　　审 图 号：GS（2020）1715号
书　　号：ISBN 978-7-5217-1889-8
定　　价：78.00 元

服务热线：010-87110909
投稿邮箱：author@citicpub.com

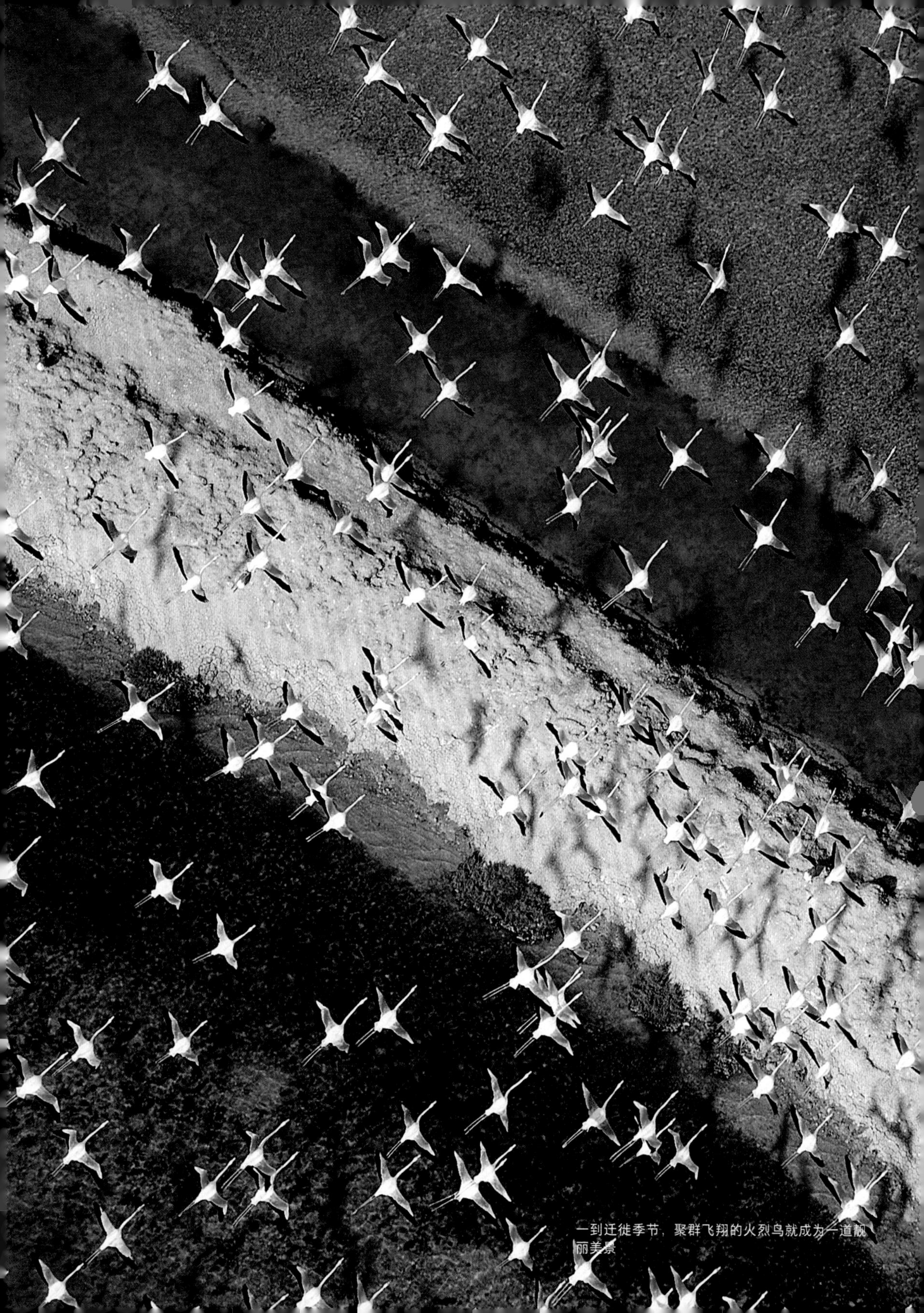

一到迁徙季节，聚群飞翔的火烈鸟就成为一道靓丽美景

Contents
目录

和许多鲸类一样，座头鲸会进行季节性的远距离迁徙，以寻找食物和安全的地方产崽。这些温和的巨型动物曾经是捕鲸者渔叉的目标，现在却越来越多地被旅行者的长焦镜头所“捕获”

Life on the Move
运动中的生命

▶ 在这张夜间获得的雷达图像中，迁徙的鸣禽群看起来就像绿色的大陆。雷达是研究迁徙的众多工具之一

地球上每时每刻都有数以百万计的动物处于运动当中。从矫捷的羚羊到巨大的鲸类和小巧的蝴蝶，数目繁多的动物在陆地、水域和空中进行着长距离的艰难迁徙。

迁徙复杂而又神秘。动物是如何移动这么远的距离，并保持这么高的精度的呢？它们的最终目的地究竟有什么奇妙的吸引力？旧石器时代从事狩猎和采集的人类就学会了跟随有蹄类动物穿越现今的非洲和欧洲南部的草原，无疑从那时起，这一现象已经困扰人类达数千年之久了。迁徙动物在人类文化中历来都被看作是变化和革新的象征。引用诗人泰德·休斯（1930—1998）的话，这些季节性的活动是用来提醒我们“地球仍在运转”的。但直到150年前，特别是近几十年，动物学家才开始真正揭示这一引人关注的动物行为背后的秘密。

如今，电子类产品和移动通信的快速发展给迁徙研究带来了革命性进展。通过在动物身上安装无线电信号发射装置，卫星遥感技术使得研究者可以准确确定动物的位置。这一技术已经相当成熟，以至于差不多在地球上的任何位置，几乎在动物开始运动时我们就可以追踪到它们的运动轨迹。

灰鹱这种环球性迁徙海鸟，从它在新西兰的巢址开始的追踪记录显示，它们遵循巨大的“8”字形路线飞行约64 000千米，在整个太平洋上做往返迁徙。棱皮龟是有记录的水生动物中迁徙距离最长的物种，它们会在水下旅行约21个月。而在南非海岸外被标记的大白鲨则在不到9个月的时间内移动了约20 000千米，从南非到澳大利亚再返回。这些数据可以帮助科学家将目前为止仍然了解较少的动物迁徙的知识拼凑起来。

不可思议的壮举

迁徙的形式多种多样，从逡巡不前的驯鹿群横穿北极到小蜂鸟孤独地完成飞越墨西哥湾的冒险之旅。但这些迁徙动物都只为一个共同的目的——生存。其实迁徙并不像想象中的那样危险，它毕竟也只是一种生存的途径。迁徙者已经进化出了复杂的方式来降低风险，因此虽然部分个体会死亡，但这会使尽可能多的个体完成迁徙之旅。

本书是对动物王国中这些伟大迁徙者的赞颂，也给人们直接体验这些迁徙提供了建议。如果管理得当，生态旅游可以为濒危物种的保护做出重要贡献，因此你的旅行也可能在物种保护中发挥作用。尽管如此，我们也可以不到著名的迁徙热点地区去观察，迁徙者通常喜欢在住宅周围出现，甚至出现在你的庭院中。

十大迁徙纪录		
最大的迁徙者	蓝鲸	24～27 米长
最小的迁徙者	桡足类动物（一种海洋甲壳动物）	1～2 毫米长
最快的迁徙者	欧绒鸭	在静止空气中的平均飞行速度为75千米/时
最稀有的迁徙者	阿岛信天翁	全球仅有70～80 只成体
哺乳动物中迁徙距离最远的迁徙者	座头鲸	单程最长可达8 500 千米
昆虫中迁徙距离最远的迁徙者	黑脉金斑蝶	秋季最长可达4 750 千米
步行迁徙距离最远的迁徙者	驯鹿	一年最长可达6 000 千米
海拔最高的迁徙者	斑头雁	最高海拔可达9 000 米
有记录的迁徙距离最远的往返迁徙者	灰鹱（2005 年在新西兰被标记）	262天在太平洋上飞行64 037 千米
有记录的水域中迁徙距离最远的迁徙者	棱皮龟（2003 年在印度尼西亚被标记）	647天在太平洋中游动20 588千米

在非洲大草原上，成群的角马穿过河流进行迁徙，来寻找新鲜的牧草

How Migration Works

如何迁徙

▲ 从远古时候起，每逢春秋两季，在欧洲上空都能见到灰鹤优美的身影。在《伊利亚特》中，荷马称灰鹤的召唤声就如同逐渐靠近的敌人方阵的声响一样洪亮

尽管我们就迁徙已经进行了广泛研究，但对这个一直令人着迷的话题仍了解不多。部分原因是由于迁徙的形式多样，它不仅仅是一个从A地到B地的简单旅程，从迁徙的物种到物种的迁徙路线都很多样。动物如何准备？如何知道何时动身和去往哪里？如何精确导航而不迷路？这些都是迁徙研究中最紧要的问题。同时我们通过监测迁徙动物的动态变化，也可以更好地了解环境的健康宜居程度。

What is Migration?
什么是迁徙?

▶ 岛海狮在一生中会频繁地进行短暂的捕鱼旅行，这种活动虽然有一定的规律，却不属于真正的迁徙

▼ 北美小夜鹰是一种分布于北美洲西部的夜行性动物，也是少数几种冬眠鸟类之一。部分夜鹰个体会南迁到温暖地带越冬，而其他个体则在岩石的凹陷处和岩缝中冬眠

迁徙可能是自然界最令人叹为观止的景观之一，但作为生物学概念，其定义却五花八门并令人费解。时至今日，还没有得出被普遍接受的定义。动物的运动方式复杂多样：它们的旅程或长或短，或呈季节性或呈昼夜性，或定期或偶然，或是高度规律性或是看似随机。因此确定哪些才是真正的迁徙并不容易。

对迁徙最经典和最广为认同的诠释是：鸟类伴随潮涨潮落和季节更替在繁殖地和非繁殖地之间的南北迁移；或鲸群迁往采食地或繁殖地的远距离迁移。许多不同类群的动物都遵循这一迁徙模式，但这只是迁徙的一种类型。迁徙还有许多其他类型：包括东西方向的迁移，陆地和海洋之间复杂的环游，高山不同海拔间的季节性迁移，海洋或湖泊中的垂直运动等。此外，同一物种的不同个体可能采用不同的迁徙路线，某些物种仅有部分个体参与迁徙。

因此，迁徙有许多含义，在本书中指的是“有确定的目的而从一个地区或区域迁移到另一个地区或区域的活动，通常会在固定的季节或时间，遵循固定的线路，到达熟悉的目的地”。任何参与迁徙的生物都被称为迁徙者，那些没有迁徙行为的生物则被称为定居者。

为什么迁徙？

简单来说，迁徙对动物的生存至关重要。它使得动物个体能够逐渐进化，在遭遇食物缺乏或极端天气而无法在一个地区长期生存的情况下，通过在两个或多个地区生活而生存下来。其他常见的原因还包括：寻找水源或必需的矿物质，寻找配偶，在安全的地点产崽、产卵或育幼，躲避捕食者或寄生类昆虫等。动物迁徙可能是多种因素共同驱使的结果。

替代策略

动物个体在生存环境恶化的条件下，除迁徙外，理论上至少还有三种替代办法：一是改变行为方式，如改变食物或居所；二是改变身体形态，如长出更厚的毛或羽毛；三是进入深度休眠状态，即蛰伏或冬眠，这也是许多啮齿类动物、蝙蝠、熊、蛙和蟾蜍适应冬季恶劣天气的方式。两栖和爬行动物采用与冬眠类似的“夏眠”来应对干旱。昆虫可以采用“滞育”的方式在恶劣的天气条件下存活。但事实上，这些替代办法对多数动物来说都不适

用，因此它们被迫选择迁徙。

类迁徙

从严格意义上讲，部分物种日常的迁移不属于迁徙，称之为“类迁徙”可能更合适。例如，许多动物在繁殖期时，会暂时离开它们的幼体去寻找食物。具体的分离时间随物种的不同而存在差异，例如鲣鸟等海鸟只需一天，而海豹或海象则需要3～5天。陆生食肉动物如狼和斑鬣狗也会在抚育后代时进行长距离移动，它们通常会从几十千米外为饥饿的幼崽带回新鲜的肉类食物。

非动物的迁徙

有人提出异议，认为除动物外还存在其他生物类群的迁徙。比如植物在种子期或孢子期，可以借助风、水流和动物等媒介来扩大其分布区域。从某种意义上说，人类也可以被视为迁徙者。

从距今5万年时，智人就开始向地球的各个角落迁徙，这在进化史上属于较晚的事件。在现代，大规模移民是最引人注目和意义深远的人类迁徙，如19世纪40年代由爱尔兰大饥荒引发的移民。截至1854年底，约占爱尔兰总人数1/4的200万爱尔兰人移民到美国，以寻求更好的生活。

► 瓢虫靠聚群来应对温带地区寒冷的冬季，而很多昆虫则是强大的迁徙者，它们在冬季到来时会飞往温暖的地区越冬

▼ 人类也是迁徙者。1845年《先驱周刊》上刊登的这张图片描绘了初到纽约的爱尔兰移民，19世纪从爱尔兰到美国的移民潮对这两个国家的历史都产生了深远的影响

The Cycle of the Seasons
季节更替

▼ 地球和月球相对位置的规律性变化，以及它们相对于太阳的位置的规律性变化产生了四季和潮汐，进而引发动物迁徙

► 黄唇青斑海蛇有固定的蜕皮海滩，它们即便在数英里外的深海采食，也会返回固定的海滩蜕皮，它们的繁殖地也在陆地上

地球的运动及其与太阳的相对位置决定了地球的季节更替，并对野生动物产生深远的影响。季节的不断变换促使许多动物进行迁徙。那些在夏季适合居住的地区，在冬季则变得非常严酷，迫使整个动物群落迁移至其他生存条件更加合适的地区。

气候随纬度而急剧变化是全球气候系统的一个重要特征。靠近两极的地区（高纬度地区）有着漆黑漫长且极其寒冷的冬季和短暂集中的夏季；而赤道地区（低纬度地区）全年气温较高，且有稳定的光照。当北半球沐浴在夏季的阳光下时，南半球则处在冬季阴郁的严寒中，反之亦然。之所以会形成

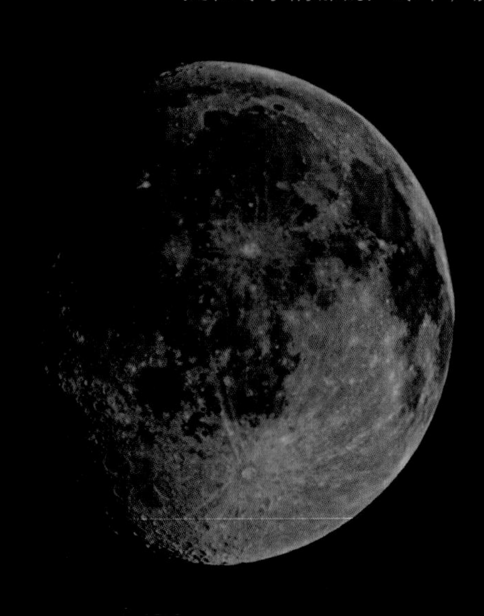

这种鲜明的季节差异，是由于地球每天绕之自转的地轴和绕太阳公转的平面在垂直方向上呈23.5°的夹角，这使得一年中有6个月地球两极中的某一极朝太阳倾斜，而另一极则远离太阳，另外6个月情况则刚好相反。这种季节更替使得在任何特定时间每个半球接收的太阳能的强度和持续时间都有所不同，许多动物也因此进化出迁徙的生活方式。

纬度间迁徙

许多北半球繁殖的鸟类冬季会南迁，尤其是那些食虫鸟类，包括许多涉禽和水鸟，以及数量众多的雀形目鸟类——莺、鹟、鸫、鵖、伯劳、百灵、鹡鸰、雀、鹀、燕和其他燕科小鸟。猛禽、鹳和鹤类也会向南迁徙。以欧洲为例，每年繁殖季后，约有215种鸟类会飞往撒哈拉以南的非洲，这只是约有50亿只鸟参与的“夏末大迁徙”的一部分。在地球的另一边，300多种鸟类从北美迁往南美。同样地，亚洲北部的许多鸟类会迁徙至南亚次大陆或东南亚的热带地区越冬；少数鸟类如刺尾雨燕甚至会中途在印度尼西亚的某个岛屿停留，最终飞往澳大利亚越冬。

南半球鸟类的迁徙则大体上和北半球的相反，通常冬季往北迁徙，夏季又回到南方。例如每年的3—8月，朱红霸鹟常常会迁往巴西的热带稀树草原越冬，之后的9月至次年2月，则飞往阿根廷和乌拉圭的肥沃草原哺育幼鸟。

这种季节性的纬度间迁徙在鸟类当中最为常见，但在其他动物类群中也有发生，尤其是哺乳类动物（驯鹿、北极熊和某些蝙蝠）和昆虫（多种蝴

蜕变的时刻

最为独特的一种迁徙方式是到固定的蜕皮或换羽地的季节性移动。雁鸭类在夏末换掉飞羽后，短期内无法飞行，因此为了降低被捕食的风险，它们会首先飞往一个安全且食物丰富的浅湖或浅海，并在到达后立刻换羽。与其他鲸类和海豚类不同，独角鲸也会在夏季集中蜕皮。当大群白鲸到达北极海域的浅水区时，它们会在海底摩擦以脱去旧皮，通常它们会游向河口的淡水区，这一行为可能会加速蜕皮过程。最令人惊奇的蜕皮迁徙者可能是印度洋—太平洋热带海域的黄唇青斑海蛇。这种海蛇会定期返回陆地蜕皮，被标记个体的监测结果表明，它们每次都会返回相同的地点蜕皮。

蝶、蛾和蜻蜓）。海洋中最著名的纬度间迁徙的物种莫过于鲸类、海豹和海象。鲸类虽然是长距离的迁徙者，但它们很少跨越赤道，而是只停留在某半球活动，它们在高纬度海域度过夏季，在低纬度海域越冬。

海拔间迁徙

爬山的过程和往两极方向的远距离迁徙类似，因为海拔每升高1 000米，气温下降约6.5℃。逐渐降低的温度造成了微气候的演变，每个微气候下都有独特的栖息地。山地森林动物会利用这种优势，它们春季迁往高海拔地区，秋季则返回低海拔地区，这种迁徙被称为海拔性迁徙或垂直迁徙。

山地生活的鸟类和哺乳类动物一般不会在一个地域定居，而是不断移动并随时在食物丰富的地域停留。在温带山地，动物个体向低海拔区域的迁移由雪被的扩张和温度的下降决定，而向高海拔区域的迁移则跟随春雪融化的步伐。在热带山地，鸟类则随着水果和花蜜供应的季节性变化迁移。原产于北美西部地区的山翎鹑，是少数几种徒步迁徙的雉鸡之一。这些鹑类以家庭群为单位迁徙，家庭规模最大可达20只，在加利福尼亚中部地区冬季可下迁至海拔1 500米的区域活动。

纬度间迁徙要求动物个体能以较高的精度沿固定的方向移动，而海拔间迁徙则可以在迁往低海拔区域的过程中，向任意方向移动。季节性的海拔间迁徙在世界范围内广泛存在，但以在高山中的迁徙最为典型。

▶ 蓝鲸游动迅速，但同其他鲸类一样，它们虽然进行规模巨大的季节性迁徙，却不像一些鸟类那样穿越整个地球，而是固定地在北半球或南半球活动

The Urge to Breed
繁殖的迫切需要

► 在东南亚的热带丛林中，雄性地毯蟒会进行以寻找配偶和交配为唯一目的的迁徙，在繁殖之旅结束后，它们会返回各自栖息地独自生活，从此分道扬镳

▼ 这是繁殖池塘中的林蛙群。尽管两栖动物的迁徙距离都很短，但由于暴露在外，存在一定风险，所以它们通常聚群迁徙

动物个体在特定的时期必须寻找配偶，并且要为宝贵的卵或幼体的成长寻找一个安全的场所。对任何生物来说，繁殖都是其生命进程中的一个关键阶段，这迫使许多动物进行特殊的迁徙。对某些物种来说，这次迁徙将是它们生命的最后旅程。

由于性别隔离机制，哺乳动物群体通常存在一定的社会结构模式，雄性个体聚集成雄性群活动，或单独活动。这种社会结构在食草动物中最为典型，这促使繁殖期的雄性个体去寻找发情的雌性。雄性个体会聚集在传统的求偶场所，例如鹿、羚羊

迁徙基因

灵长类动物很少有迁徙行为，多数灵长类动物栖息于气候稳定且全年食物充足的热带丛林，并结成雌雄混合群，因此它们总能找到潜在配偶。但有时，雌性黑猩猩会跋涉15千米从一个群体迁入另一个群体。对黑猩猩DNA（脱氧核糖核酸）的研究发现，通过这种方式，在经过多个世代后雌性黑猩猩的基因可以出现在数百千米外的个体身上。

和野羊每年都在发情期聚集成群；或者受到体内睾酮水平的驱动，单个雄性个体会独自踏上寻找配偶之旅，如大象和犀牛。蛇类中有一个鲜为人知的例子，东南亚的雄性地毯蟒通过敏锐的嗅觉追踪发情的雌蛇，每条发情的雌蛇可能会被一群兴奋的雄蛇追逐两三周。

返回水中

两栖动物由于进化上的特殊性，是现存陆生脊椎动物中唯一经历幼体发育阶段的类群。它们的幼体是水生的，有适应水下呼吸的鳃而不是肺，因此两栖动物发育为成体后，必然需要多次返回淡水水域进行繁殖。许多蛙、蟾蜍和蝾螈都有产卵迁徙的行为，产卵地的选择和迁徙距离都有很大的差异。对一些物种来说，附近的任意水坑就已足够，但其他的物种可能会跋涉数千米到达池塘或沼泽，并每年都返回同一区域产卵。两栖动物通常在潮湿的夜间迁徙，以使渗透性的皮肤保持湿润，它们的迁徙之旅通常在雨季的第一场暴雨或春季温度突然升高时开始。

返回陆地

爬行动物中最主要的迁徙类型是淡水龟和海龟前往固定产卵地和从那里返回的旅程。同它们的祖先一样，这些龟的卵是软壳的，质地像羊皮纸，因此它们不得不在干燥的地面上产卵。产卵地需要有合适的坡度和适合龟类挖坑孵卵的沙滩。由于适宜的海滩数量较少且相距较远，所以龟类倾向于在找到的最佳产卵地聚居。类似行为也可以在加拉帕戈斯群岛和中美洲地区的许多鬣蜥中看到，这些鬣蜥会迁往少数几个产卵地。

爬行动物并不是唯一反复地迁徙到早已建好的产卵地的动物类群。鳍脚目动物（海豹、海狮和海象）和它们的祖先一样保持着和陆地的联系，它们不具有鲸类和海豚那样在海水中产崽的能力，而隐蔽的海滩、岩石海岸和浮冰则是它们的繁殖场。海鸟也无法在海洋中哺育后代，因此它们通常会集群飞往临海悬崖或离陆地较远的海岛营巢，聚集地大约能有好几万个巢。海鸥、信天翁和燕鸥的繁殖迁徙是整个动物界中迁徙距离最长，也最为壮观的。

随潮而动

和其他行星的卫星相比，月球更大，离地球更近，因此月球对地球上的生物有很大的影响。人类的一些极端行为被认为倾向于在满月时发生，因此有了“lunacy”（精神失常）这个词。但考虑到月球引发的潮汐作用，可以说月球对海洋动物的影响更大，海洋鱼类、龟类和无脊椎动物通常会选择在月球运动周期中的一个特定时刻进行迁徙，使得它们的繁殖迁徙和潮汐的周期相一致。

蜘蛛的远亲——美洲鲎在春季满月涨潮时，会成群游过海滩。这种有着一副史前生物模样的节肢动物，通过调整自身的产卵时间，使其与每年涨潮最高的时间相吻合，从而使卵可以处于海滩的最高处，以有效地避免被潮间带食腐生物猎食。其他的潮汐驱动繁殖的动物还包括加利福尼亚滑银汉鱼和毛鳞鱼，这两种小鱼会冲到浪尖，并降落到潮湿的沙地上进行交配，产下受精卵。

▼ 每年6月和7月的几个夜晚，纽芬兰岛的海滩上就会铺满银色的毛鳞鱼，这些15厘米长的鱼会随着繁殖高峰期的到来突然出现在海滩上，旋即再突然离开

对身体的冲击

一些鱼类既在淡水中生活也在咸水中生活，它们把其中之一当作育幼场，另一个作为繁殖场。在从河流游向海洋或从海洋游向河流时，它们必须忍受水中盐分和其他矿物质元素浓度的巨大变化。这些鱼类有具特殊适应能力的肾脏和鳃来调节体内的渗透压。如果没有这些适应功能，它们在从河流进入海洋时，身体会丧失大量水分，而从海洋进入河流时，身体则会极度膨胀。那些顺流而下游向海洋产卵的鱼类，如美洲鳗鲡和鳗鲡，被称为降河洄游产卵鱼类，而那些从海洋溯流而上的鱼类，包括鲑鱼、鳟鱼、鲟鱼和西鲱等则被称为溯河洄游产卵鱼类。多数鱼类到达产卵地后会立即产卵，之后很快死去，但鲟鱼却可以在一百多年的生命中，进行数十次的产卵之旅。

Nomads and Invaders
游荡者和入侵者

▼ 高鼻羚羊终生都在中亚的干旱草原上游荡。高度的猎捕使得它们的种群数量骤减

并非所有的动物迁移都是对季节变化的响应——有些动物迁移并无固定的目的地或路线，它们是完全不可预测的，这些运动包括游荡、大规模入侵，以及逃避恶劣天气和火山喷发的自发迁徙等。有时先期到达的个体遇到理想的生存环境，它们就会在新的领域成为定居者。

灵活的运动模式是动物适应不均衡的食物分布和不规律的降水的重要特质。对动物来说，根据需要进行迁移比遵循事先设置好的迁徙模式进行迁移更为有利。这种生活方式被称为“游荡”，是草原或沙漠地区生存的动物物种的典型特征。非洲的热

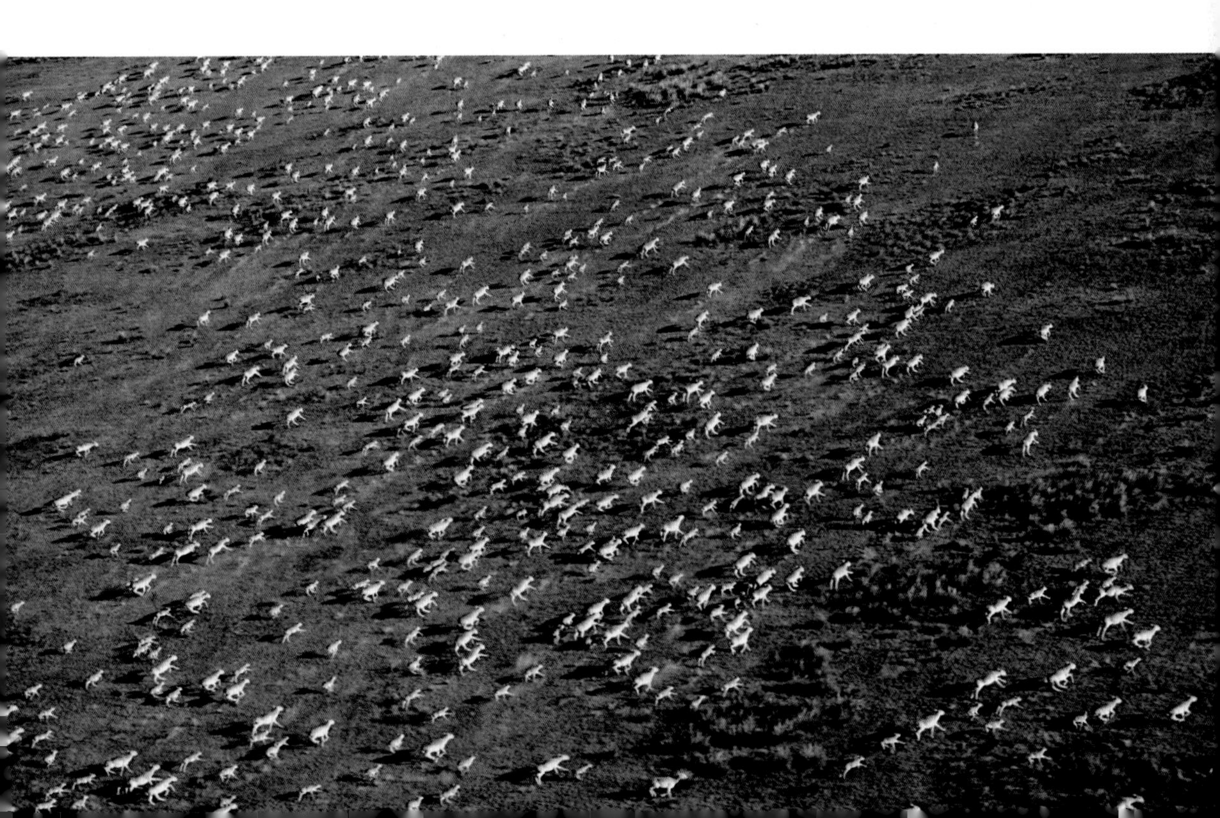

◀ 雨燕就像活的气压计，它们只在空中捕食，当气压下降，天气变坏时，它们会飞往未受恶劣天气影响的地区。雨燕幼鸟在父母离开时，可以依靠自身储存的脂肪，在不进食的情况下存活数日

▶ 一些入侵物种的破坏性很强，其中最具破坏性的当属蝗虫。本图中，一名菲律宾农民在竭力保护自家农田不受东亚飞蝗群的侵扰，但这都是徒劳的

干燥的大陆

澳大利亚是有人类居住的大陆中最为干燥的，它地表的2/3都被沙漠或半干旱灌丛所覆盖，即所谓“澳大利亚内陆”的地理景观。这里没有明显的季节更替，野生动物只要能应对长期干旱和变化较大的环境即可在此生存。因此，澳大利亚大陆有着地球上最为丰富的游荡鸟类，从虎皮鹦鹉到鸸鹋，在此繁殖的鸟类中有1/3都是游荡者。袋鼠和大袋鼠则是澳大利亚内陆哺乳动物中过着游荡生活的物种。

带稀树草原是大群有较强迁移能力的有蹄类动物的家园，它们在局部降水造成的肥沃“绿岛”间移动。温带地区也有部分动物物种采用类似的迁移模式，好动的黄羊和高鼻羚羊已经适应了中亚广阔分布的干旱草原的生活环境，这里几乎没有持续性的水源。

有趣的是，进行不同纬度间长距离迁徙的鸟类通常会固守繁殖地，而在越冬地游荡。如林莺在中美洲和南美洲的森林中与当地鸟类一起巡回游荡，而在北极地区繁殖的鹨类冬季则会在欧洲和亚洲的中纬度农田游荡。

入侵

“入侵”是指在某一地区生活而并不迁徙的动物物种，由于过度拥挤或食物缺乏而被迫做出的突然性迁移。从生态学的角度来讲，一旦物种的生活质量下降，当前的情况已经不再适宜生存，大规模的迁出成为最好的选择时，入侵就会发生。入侵是毫无规律的行为，驱使动物从原本的栖息地向外扩散，这一现象在北极地区许多鸟类和啮齿类动物中都存在，其中最著名的是旅鼠的侵入行为。这也是许多害虫生命周期中一个重要的现象，这些害虫包括蝗虫、蜡蝉和夜蛾毛虫（某些蛾类的幼虫会取食庄稼）。对虫灾发生的时间进行预测，注定不是讲究精确的科学所能胜任的（也就是说，进行这种预测算不得精确的科学），却是赢利百万的行业。

逃离迁移

天气的变化事先是毫无征兆的，但一些鸟类却可以对变坏的天气迅速做出反应，它们会逃往其他地区躲避这种变坏的天气，这和人类晒日光浴时，遭遇暴风雨会匆忙躲避起来一样。这种由天气引起的大规模迁离被称为“逃离迁移”，对一只鸟来说这可能关乎生死。最引人注目的逃离迁移发生在长着镰刀状翅膀的雨燕身上，这种鸟是杰出的特技飞行家，它们在空中寻找飞虫作为食物。雨燕对晴好天气极为依赖，只能在天气晴好的时候寻找食物。当感知到有低气压云团靠近时，它们会环绕低气压云团飞行，从云团的上空或下方越过，进入低气压云团后面的平静空气中，这使得它们在几天的时间里就要往返飞行2 000千米以上。

年轻的流浪者

动物的亚成体似乎非常热衷于流浪。探索未知世界的欲望会驱使它们离开出生地或孵化地去熟悉周围的世界。亚成体扩散的另一个好处在于，可以使动物物种占领所有可利用的栖息地，以减少近亲繁殖的风险。

亚成体扩散在许多动物中都存在。一些海鸟（例如海鸽和刀嘴海雀）的幼鸟在学会飞翔之前就离开巢址，在其中一只亲鸟的陪同下，离开岸边的出生地游向大海。类似的行为在海雀科的其他种类和企鹅中也可以见到。幼年王企鹅可游至距出生地超过1 000千米的地方，而在南非海岸出生的幼年南非企鹅会经常出现在大西洋赤道海域。

Keeping Time
守时

▲ 春季，一只黑尾塍鹬正在进行求偶飞行。这一物种已经发展出了同步迁徙机制，雌鸟和雄鸟会在同一时间到达繁殖地

迁徙本质上要求动物在正确的时间出现在正确的地点，因此迁徙物种需要有一些内在的时间调节机制。动物通过精确遵守时间与外界的变化协调一致，并在预定的时间开始和结束旅程。此外，守时也是成功导航所必需的。

自然界存在许多令人叹为观止的守时技能：海龟和蟹类每年都在固定的几个夜晚返回营巢地；鱼群在可预测的时间出现在大洋中某一海域；一代代的鸟类都会在它们物种的传统日期的特定的几周内返回繁殖地。守时在动物界中普遍存在。事实上，我们现已知道，几乎所有生物，从面包霉菌、果蝇到人类，都存在内在的守时机制。2008年，科学家宣称在人类细胞中发现了"生物钟"，进而设想动物的细胞水平也应该存在这一机制。

日节律和年节律

内部的生物钟究竟是什么呢？这一问题的答案是复杂的，迄今为止我们对其工作机制还没有完全了解。动物的某些行为，如自身防御行为，可以自发产生，而不需遵循一定的时间表。但许多其他生理过程，包括采食、睡眠、代谢和繁殖则严格遵守24小时的节律。这种活动周期模式被称为日节律（circadian），来源于拉丁词语"circa"（围绕），以及"diem"或"dies"（日）。日节律可能受到外部信号的影响，如温度或湿度变化、潮涨潮落或者昼夜的交替变化等，但它却是由内部产生的本能行为。日节律可以解释人类为何在中午感到饥饿，午后（午休时间）感到困倦，倒班工作的人在适应新的轮值表时有一定困难，以及在24小时之内跨过多个时区时，需要忍受倒时差的痛苦。

此外，还有长时间的受控制的活动周期——年节律。如前所述，年节律会受到外部刺激的影响，如逐渐变化的昼长，以及一年中的季节变化，但年节律却主要是由内在因素决定的。年节律在温带地

同时到达

在多个繁殖季中都有固定配偶的候鸟面临一个难题：如果雌鸟和雄鸟分别在不同的地方越冬，分别前往和飞离越冬地，它们如何能保证同时返回繁殖地呢？如果双方中的任意一方较早地返回繁殖地，它可能会在原有配偶最终返回之前找到新的交配对象，而造成"离弃"。为避免此种情况的发生，已配对的候鸟发展出了令人惊叹的同步迁徙能力。鸟类学家对黑尾塍鹬进行了监测，记录它们春季返回爱尔兰的巢址的日期，发现配偶双方尽管已经分开数月，飞行了上千乃至数千千米，但它们都会在前后三天的时间里返回巢址。塍鹬如何精准地计算重聚时间仍旧是个谜。

血液中褪黑激素水平的变化可以帮助动物——如这只非洲象——守时和调节日活动节律。这一激素的分泌在夜间达到高峰，在白天则骤降。

鸟类通常在一天或一年中的某一确定时刻聚集。本图中，紫翅椋鸟像它们每个冬季的晚上做的那样，在降落前都会表演一段空中芭蕾

区的物种中表现得最为完善，尤其是在靠近极地的地区，昼长的变化最明显。

日节律和年节律共同作用创造出了校准完美、极其高效的生物钟。每个物种都有独特的生物钟，适应了其独特的生活方式和环境。这种深层机制能有效保证迁徙物种成功地计划和协调它们的旅程。在出发前，多数物种会显得不安。这种被压抑的兴奋在鸟类当中最为显著，它们会鼓动翅膀，频繁地变换落脚地，这一焦虑行为被称为“迁徙兴奋”。

“节拍器”

多数动物都有“节拍器”，以整体地控制日节律和年节律。哺乳动物的节拍器是大脑中的“视交叉上核”（英文缩写为SCN）。同时褪黑激素也起着重要的作用。褪黑激素由松果体分泌，但仅在夜间分泌，光照会抑制其产生。因此，昼长变化决定了动物机体分泌的褪黑激素水平，而褪黑激素水平又会协助调节日活动和季节性活动。松果体可能是鱼类、爬行类和两栖类动物的主要节拍器。

迁徙动物有时需要暂时延迟正常的日节律。如迁徙到北极或者南极地区的动物，在极地的夏季会面对几乎连续的光照，这意味着基于昼夜交替的日节律无法发挥作用。在极地盛夏时，驯鹿等动物的活动会变得没有节律性。

时间和导航

那些利用视觉线索如太阳和星辰的位置来定位的迁徙者，必须考虑地球自转的影响，地球自转速度在不同的纬度会有所不同，在赤道约以1 700千米/小时的速度旋转。如果一种穿越赤道迁徙的鸟类与预定时间偏离5分钟，就会造成约140千米的偏离。几个世纪以来，这个问题一直困扰着人类在海洋上的导航，直到18世纪50年代，精确、便携时钟的出现，才使得水手能够准确地找到他们的经度。

Surviving the Journey
活着完成旅程

▼ 大西洋鲱为了自身的安全，会集结成庞大、紧凑的迁徙群，有时一个群体会有数百万条鱼。有记录的最大鱼群体积可达4 000立方米

迁徙对任何参与者都毫不留情，这可能是场无休止的挣扎，过程中可能会有非常多的挫折，通常会给动物造成巨大的压力，使它们达到新陈代谢和体能的极限。但事实上，一般来说，在一系列生理和行为适应机制的作用下，多数迁徙者都会毫发无伤地到达目的地。

一些动物物种对迁徙生活相当不适应。如豹类在幼体出生后数月内因为要照顾小豹而无法迁徙。身体大小也是重要的影响因素，大多数小型陆生动物无法负担迁徙的能量消耗。多数啮齿类动物缺乏完成日常的远距离迁移的耐力：一个体重100克的啮齿类动物迁徙时单位体重需要的能量约是体重200千

克的羚羊的25倍。

但同时也有其他动物的整个生命过程都在为迁徙做着准备。小羚羊和小瞪羚可以在出生后数分钟内站立起来，并依靠与身体其他部分不成比例的腿和富含脂肪的母乳，数日内就能跟上群体里其他个体的步伐。在北极苔原筑巢的涉禽发育很快，两个月大就可以完成首度南迁之旅。新出生的海龟已是游泳好手，可以直接游往深水的安全区域。

迁徙前的准备

当然，并非所有的迁徙者都从“婴儿期”就开始迁徙，许多动物物种首先要处于合适的状态，然后才会迁徙。成年鸟类需要完成换羽的过程再开始迁徙，换羽的时间受激素和鸟类内在的年节律的控制（见18～20页）。更换老旧的羽毛非常必要，因为飞行效率取决于飞羽的状态。

迁徙动物在出发前通常会大量进食，其目的是增加用作能量物质的脂肪的储存。这种过量摄食行为由动物内在的年节律自动控制，黑脉金斑蝶、驯鹿和须鲸等许多物种都是如此。在昆虫中，这种行为可以增加30%的体重，而鲸类有时可以增加到正常体重的两倍。即将出发的迁徙者不仅吃得更多，还会寻找高能量的食物。在温带地区，食虫鸟类如莺类和鸫类在夏末和秋季，会转而采食含糖量高的水果，从而在出发前积攒厚厚的脂肪层。

最终，动物会在生理特征上经历本质的变化。鸟类会长出更大更强有力的胸肌，同时缩小不重要的器官（避免身体过重而降低飞行效率）；一些昆虫也有类似的表现，如秋季越过北美往南迁徙的黑脉金斑蝶并没有生殖器官，它们的生殖器官会在第二年春季长出；沙漠飞蝗会长出更长的翅膀，在迁徙结束时，它们会变成完全不同的模样。

管控风险

千万年以来，迁徙动物已经进化出许多降低迁徙危险的方法。为了减少经常存在的被捕食的风险，迁徙动物通常聚集成大群，或者在每天的固定时间迁徙。显然，如果能借助环境的外力，例如风

减半迁徙

毫无疑问，世界上最奇特的迁徙属于那些仅有一半个体可以存活下来的迁徙。多毛纲的许多海洋蠕虫就采用这种奇特的迁徙模式，包括北大西洋沙蚕和南太平洋礁石中的萨摩亚矶沙蚕。每只蠕虫都可以一分为二，尾端那一部分被称为“有性节”，会利用每一体节两侧的桨状疣足游开。在夜晚时会有大量的尾端部分浮到海面，之后尾端部分会崩开，把精子和卵撒向海中，两者融合后形成幼虫，并重新开始蠕虫的生活史。这种大规模的聚集通常和月亮周期同步。

或洋流（见25～26页），或找到合适的节奏，动物个体就能省力许多。不同物种有不同的迁徙速度，有快有慢，每个物种都遵循适合自己力量、耐性、脂肪储存和迁移距离的迁徙时间表行事。

间断性迁徙是另一种常见的迁徙模式，动物可以停下休息并补充能量。蝙蝠在迁徙途中会在合适的地方多次停留，蝴蝶和蛾类会在树上或建筑物上停留过夜，或者等待坏天气结束。迁徙动物惯用的停歇地被称为“驿站”或“集结地”。最好的停歇地会被年复一年地使用，并在关键时刻作为大型聚集地，对鸟类来说尤其如此。例如在北美营巢的涉禽中，约有45%的个体会在春季选择美国堪萨斯州的夏延洼地休息或停留。因此，夏延洼地等主要集结地应当被列为首要的保护区。

耐力的极限

一些快速且连续迁徙的鸟类，迁徙途中几乎不会做任何保留，在体力上会达到它们身体的极限。秋季，大天鹅冰岛种群会飞越北大西洋到英国越冬。这个快速而毫不停歇的前往苏格兰西部的跨海旅行，以每小时65～80千米的速度连续飞行12～13个小时，基本上达到了大天鹅这种大型鸟类的生理极限。

大天鹅（8.5～10千克重）可能是远距离迁徙的鸟类中体形最大的。大型鸟类不能像小型鸟类那样积攒额外的脂肪层，因为它们的体重已经接近翅膀所能承受重量的极限了

A Helping Hand
援助之力

► 大的洋流对海洋生物的迁徙影响巨大。海洋生物的位置由多种因素决定，包括盛行风、科里奥利效应（由地球自转产生）、海水的盐分和温度以及海床的地形等

▼ 沙丁鱼借助强大的寒流迁往南非东开普省的海岸，在那里它们成为海豚和其他食鱼动物的食物，捕食者会把沙丁鱼赶向饵球

各种自然力为疲倦的迁徙者提供帮助。陆地上的昆虫和鸟类顺风飞行，随着热气流而螺旋上升，海鸟利用海浪形成的上升气流，而海龟和鱼类则被洋流推动着前进。因此，地球盛行风和洋流对迁徙的时间和方向控制都有很大的影响。

即便在最风平浪静的日子，海洋也从不像湖水那般宁静。即使有时海洋看上去很平静，但水下却有洋流和上升流在汹涌澎湃。另外，潮汐对海洋生物也作用匪浅，它能影响远洋海水的水循环，尤其是每月两次的大潮时。因此远洋生物——远洋海

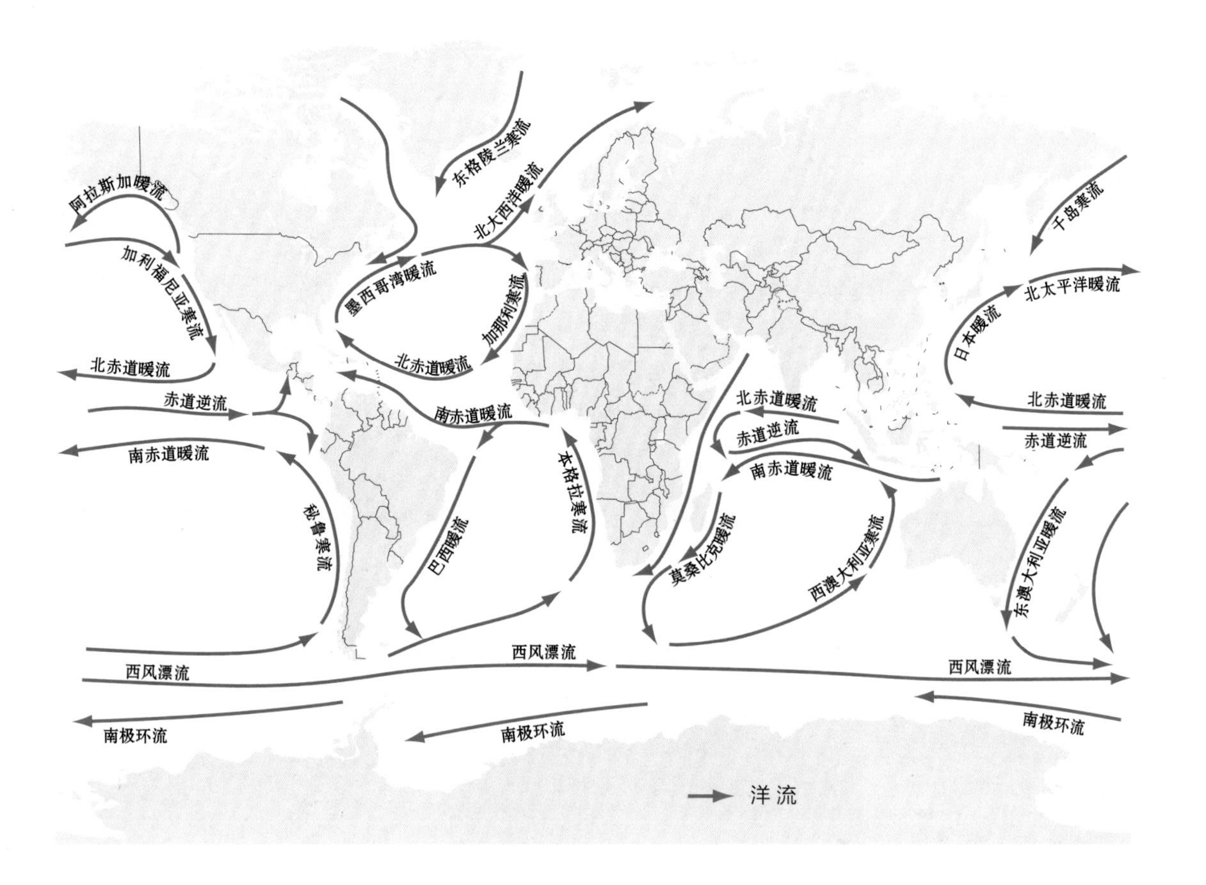

域中生存的物种应该充分利用它们所处的变化多端的生活环境，通过在水中上下游动寻找强有力的潮涌，来推动它们游向正确的方向，而且在快速移动的洋流中还会有充足的食物。

许多洋流都遵循地图上标示的固定线路，迁徙动物也与洋流发展出了一种紧密关系。棱皮龟夏季时会随着墨西哥湾暖流游过北大西洋到达欧洲西北部海域，那里有棱皮龟最喜欢的食物——水母；而前口蝠鲼和鲸鲨的迁徙则和横穿热带地区的暖流有明显的关系。数不胜数的远洋鱼类、软体动物和甲壳动物的幼体依赖洋流从繁殖地向外扩散。

不平静的大气

与海洋随时处于运动状态一样，地球上的大气也是如此。大气状况变化迅速，意味着鸟类和其他空中的迁徙者必须谨慎地选择出发时间，有时几个小时的延迟都可能引发灾难。理想的天气条件是持续的顺风和晴朗无云的天空，略低于平均温度的气

沙丁鱼大迁徙

每年6月或7月，一股寒流会从非洲东南部海岸向马达加斯加涌动。这是沙丁鱼每年一次大迁徙开始的信号，数量巨大的沙丁鱼成群离开平时生活的更偏南的冷水区，向北迁移到它们原本感到太热的亚热带海域。其中一些鱼群可长达6.5千米，这些鱼群吸引了包括海豚、宽吻海豚、黄鳍金枪鱼、大耳马鲛和几种鲨鱼等在内的饥饿的捕食者尾随。当海水温度升至21℃时，这些沙丁鱼会重返南方，捕食者对食物的争抢也随之结束。

▶ 一些迁徙鸟类借助急流迁徙。这些气流是不可见的，但它们的位置通常在高海拔地域，可以由带状云团来识别

温也有利于飞行，因为凉爽的空气可以使持续劳累的胸肌免于过热的危险（这也是有些鸟类选择在夜间迁徙的原因，特别是在沙漠上空飞行时，中午炙热的天气足以致命）。

飞行的迁徙者都会避免在无风的天气出发，因为静止的空气会迫使它们消耗更多宝贵的能量。没有哪种鸟像信天翁那样依赖风力，它们中的大多数会借助风力展翅高飞，并在南大洋的暴风骤雨中翱翔（见176～177页），但当到达平静的海面时，这些健壮的海洋游荡者却会因为无法在空中停留而被迫像橡皮艇那样浮在海面上。

免费搭车

对迁徙的鸟类来说，有两种气流异常重要：急流和上升的暖气流。当鸟类进入急流（高纬度地区存在的一种快速移动的气流）时，能以惊人的速度长距离飞行。例如，处于急流中的滨鹬飞行速度最高可达240千米/时，比号称运动速度最快的游隼俯冲时的速度还快。某些昆虫也会利用高空风，尽管这会使许多个体遭受致命的伤害或被风吹走。1976年，一群借助风力飞行的蛱蝶在大西洋中部的圣赫勒拿岛上被发现，这较之它们在非洲西南部可能的出发点已偏离了3 200千米。

上升的暖气流（即由地表加热上升的空气）对于鹰、鹈鹕和鹳类等大型翱翔的鸟类来说至关重要。一旦发现上升的暖气流，它们就会在几乎不用扇动翅膀的情况下盘旋上升。到达上升气流顶端后就滑翔出去，逐渐降低飞行高度，直至找到另一个上升暖气流，然后重复同样的过程。“热流跳跃”是种异常高效的迁徙方式，但由于上升的暖气流在海洋上空、夜间或寒冷的天气条件下无法形成，因此这会限制翱翔迁徙者开始飞行的时间和地点。

Different Routes
不同线路

▼ 大鹱沿着环绕大西洋的一个巨大的圆圈迁徙，从位于马尔维纳斯群岛（福克兰群岛）和特里斯坦-达库尼亚群岛的繁殖地迁徙到北美洲东部和欧洲海岸的外海，再返回南方

多数迁徙者都是遵循习惯的生物，它们的迁徙路线图都经过了多次测试证明是可靠的，这个路线几乎不可能是两点之间的直线。迁徙会受到陆地和海洋的地理特征的影响，因此在遇到大的障碍物时，环形路线和转向都很常见，而且往返的路径也可能会不同。

迁徙动物通常排成较宽大的阵势前进，可宽达数百千米，包含许多朝着同一方向前进但彼此独立的平行的迁徙队伍。如果将每一个参与迁徙的个体的迁徙过程在地图上按固定的间隔标出来的话，得到的图形就像是沿着一条长长的直线向前推进的

波浪。很多动物，从有蹄类、水鸟、小的鸣禽、蝙蝠、蝴蝶、蜻蜓到陆栖蟹都以这种方式迁徙。

但也有部分物种采用更为狭窄的迁徙路径，即一种“狭窄迁徙面”的方式。这种迁徙方式多在鹳、鹤和猛禽等大型陆生鸟类中存在。沿海岸迁徙的物种，其迁徙方式就很有代表性，如灰鲸和露脊鲸沿着海岸线移动，很少游至大陆架浅水以外的海域活动。

引导线

最短的线路未必是最简单或最安全的线路。一些被称为“引导线”的自然地理实体，会指引迁徙者遵循特定的迁徙线路，而这些迁徙者不在乎是否会延长旅程的距离。这类引导线包括河流、溪涧、湖缘、山谷、高山和海岸。所有的陆生动物都会利用引导线，许多飞行的迁徙者也会利用。通常情况下，这些引导线本身就是迁徙的天然屏障，如落基山脉、阿巴拉契亚山脉和安第斯山脉对于东西方向迁徙的物种来说是很大的障碍，因此许多迁徙的昆虫和鸟类沿着这些山脉的两侧做南北方向的迁徙。

海洋中也存在引导线，尽管可能不那么明显，却同陆地上的引导线一样重要。白鲸会利用海冰中间狭窄的裂缝作为便利的快速通道，往北迁至北极地区的夏季采食地。在大洋水面之下，海龟和鱼类遵循水下的山脉，沿着珊瑚礁朝海一边的陆坡游动。鲨鱼则好像能够发现并沿着海底的磁性“道路”游动（见128～129页）。

候鸟的迁徙路线

候鸟和陆地迁徙动物一样，也会受不断变化的地表轮廓的影响。因地理条件而形成的空中迁徙路径被称为“候鸟迁徙路线”。此图显示了北美洲、南美洲、欧洲、亚洲和非洲主要的候鸟迁徙路线，在迁徙高峰季节，每条线路都会被许多不同种类的鸟类使用。

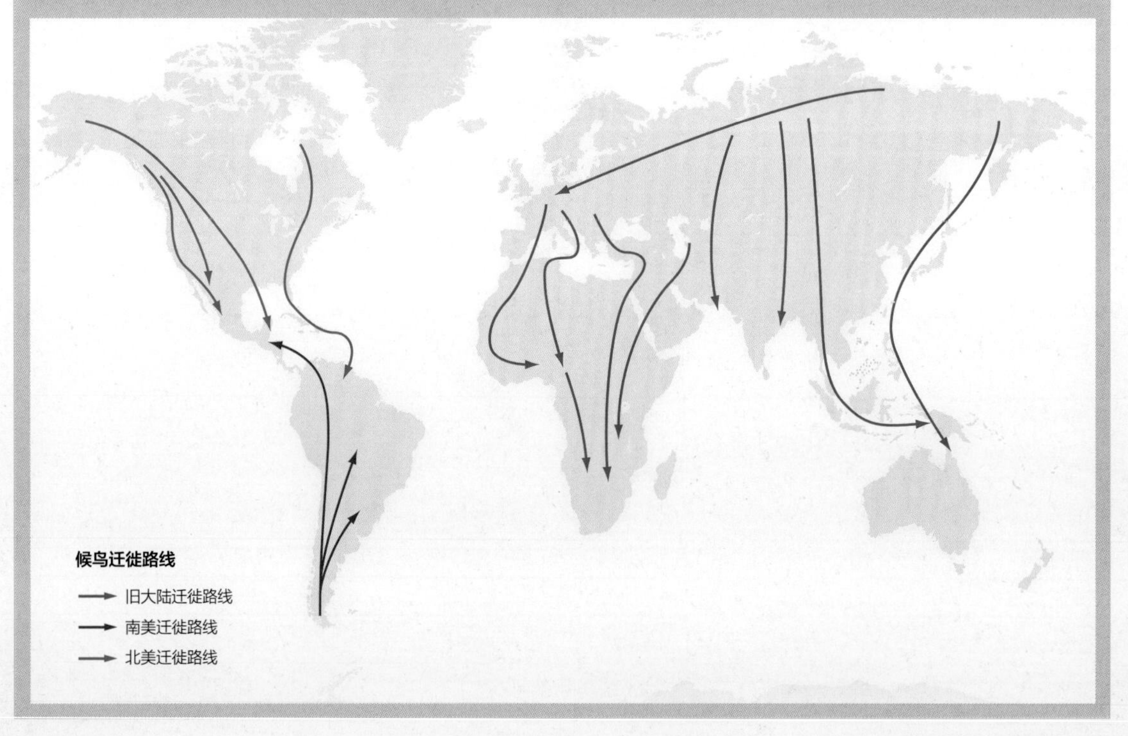

迷途的迁徙者

有时迁徙之旅会严重偏离既定目标，动物个体会朝着完全错误的目的地前行。鸟类、蝙蝠和昆虫在低云层和大雨中都可能陷入困境，这会严重影响它们的定位能力。最坏的情况是它们最终可能在离正常目的地非常远的地方停留，偶尔停歇在船舶或石油钻塔上，甚至是错误的大陆。侧风是造成迁徙偏离的另一个可能的原因。温和的侧风起初可能是无害的，但如果在飞行中风力增强，那些借助风力的迁徙动物会不知不觉地越来越偏离既定的路线。

一般来说，年龄大且有经验的个体更有可能知道这些困难，并予以纠正。迷路动物中的绝大多数都是第一次参与迁徙的亚成体。也许这方面最悲惨的例子就是刚出生的小海龟了，它们被海滩上明亮的建设工程所迷惑，把黑暗的海滩误认为幽暗的海洋，结果导致小海龟爬向内陆而不是爬向海洋。

迁徙分离

即便最终目的地相同，迁徙物种的不同种群通常会有各自特有的行程。这一现象在一些需要绕过实质性障碍（如沙漠或海洋）的迁徙者中最为明显。当两个种群采用截然不同的迁徙线路时，这类物种内部的分离就被称为迁徙分离。

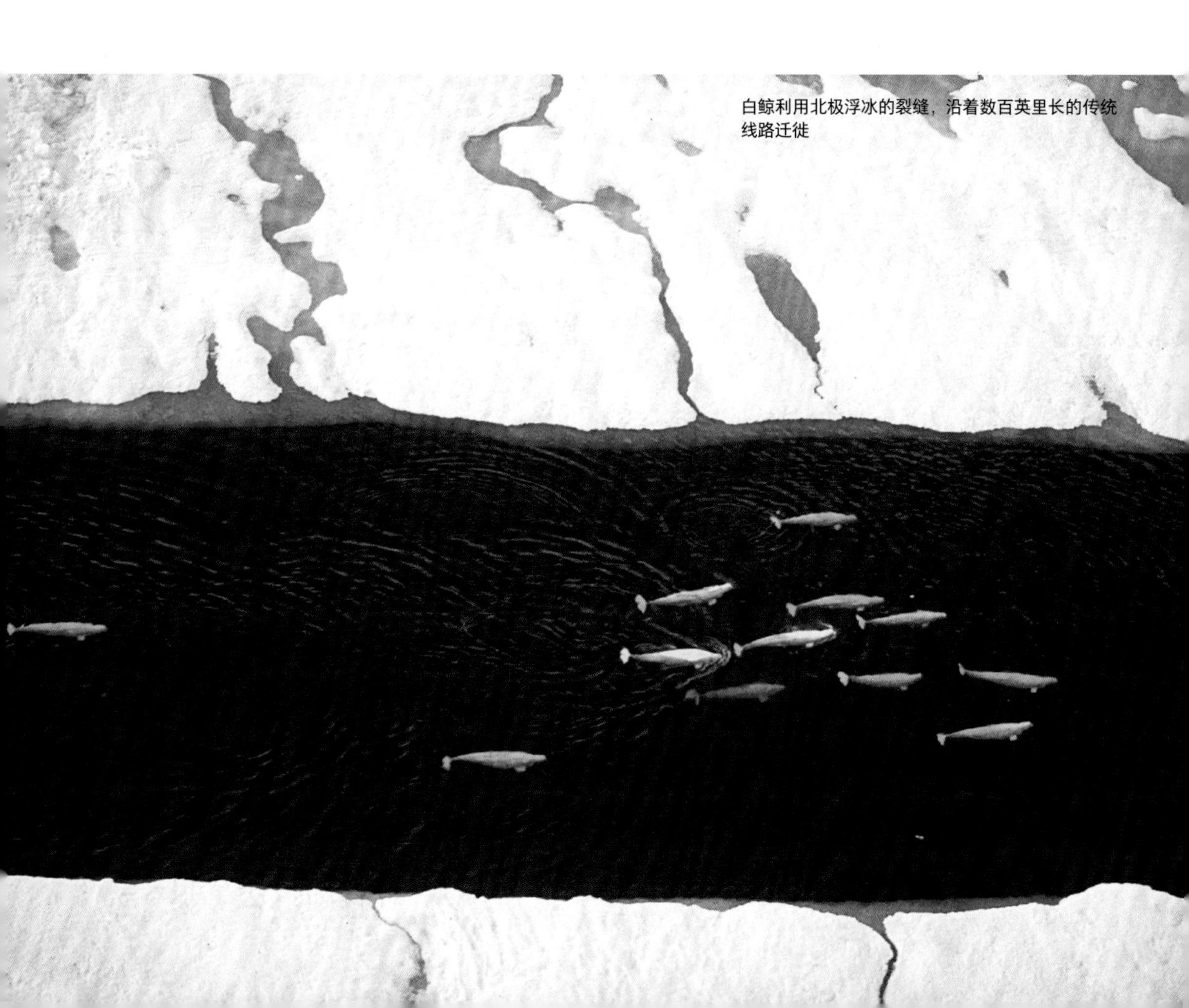

白鲸利用北极浮冰的裂缝，沿着数百英里长的传统线路迁徙

Visible Clues
视觉信号

► 鸟类是利用视觉信号迁徙的能手，它们可以通过太阳、星辰、偏振光和地理标志来定位。它们的眼睛中有一个被称为“栉膜”的内部结构，这一结构可以用日晷的方式把阴影投射到视网膜上。图中是一只苍鹰

▼ 克雷默的实验中利用镜子改变太阳光的可视角度，以观察其对笼中椋鸟的影响

动物已经进化出了非常高效的方向识别系统，其中视觉信号通常起着关键作用。迁徙者寻找熟悉的地理实体，白天通过太阳定位，夜间通过星辰的运动来判定方位，从而保证它们每次都以超高的精度沿着正确的轨迹完成远距离的迁徙。

定位是指利用外部信号保持正确方向的能力，它对迁徙的成功至关重要。迁徙的另一个重要因

太阳罗盘

人类可以通过太阳在天空中的位置来定位，动物也应该能够做到这一点。太阳是理想的视觉参照物，它每天东升西落，在北半球正午时位于正南方，南半球则正好相反。动物使用太阳作为基本的罗盘时，必须有准确的时间概念，这对迁徙动物来说并不是问题，因为所有迁徙动物都有内在的生物钟（见18～20页）。

许多实验都证明了太阳罗盘的确存在，其中最著名的实验是1950年由德国科学家古斯塔夫·克雷默开展的，他通过在大的圆形鸟笼中操纵太阳的可视角度来观察其对紫翅椋鸟的影响。当克雷默用镜子把太阳光线扭转90度时，椋鸟也会随之改变偏好的飞行方向。他在黑脉金斑蝶中做了相同的实验，结果也是如此。其他实验已经证明鸟类能够通过参照投射到地表的阴影而不是直接观察太阳来定向，它们有内在的补偿机制来应对地球自转带来的影响。

昆虫、鸟类和蟹类等动物还有另外一种本领：可以感知偏振光，这意味着它们能在见不到太阳的多云天气里准确定位。偏振光是太阳光被空中的颗粒物散射后形成的。由于一天中太阳的位置不断变化，天空中偏振光分布的总体模式也在不断变化当中。

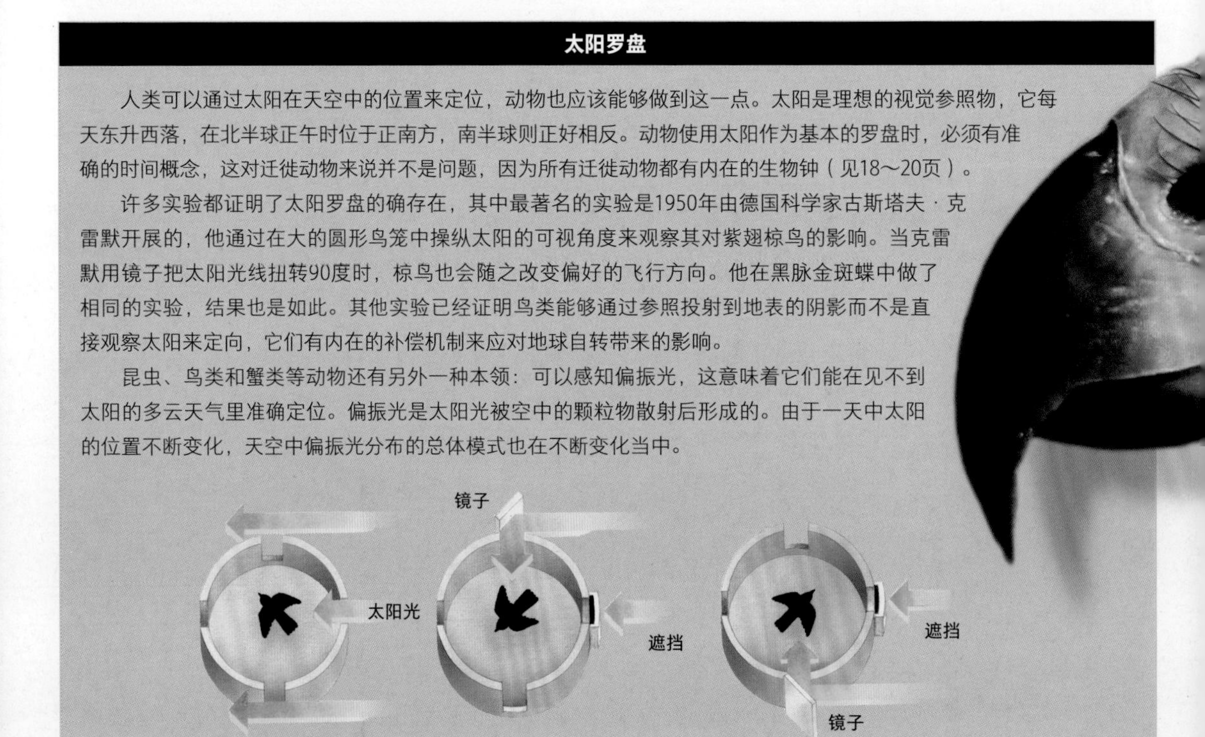

素是导航，即从其他地方准确找到特定位置的能力。导航甚至可能更加复杂和神秘，没有人能够十分确定迁徙物种使用的不同导航系统是如何协同工作的。

寻找地标

许多迁徙者会环视地面来做近距离导航，这么做通常是为了在迁徙旅程的最后阶段精确地找到它们的目的地。高空飞行的鸟类能够看到地表的全貌，把河流和海岸等作为参照点，绘出一幅其周围环境的“图片”，在每次迁徙中都会利用到这幅“图片”。地平线本身就是很有用的线索。相关研究表明，家鸽极少沿直线飞行，而是会受沿途较大的弯曲和转弯的指引，包括像道路和电线等人造物。甚至夜间飞行的鸟类也会借助于地标导航，包括水面反射的月光和城镇耀眼的灯光。

海洋动物也被认为会通过当地地表特征来导航。例如海豹和鲸类能够识别海底地貌。一些海洋生物学家认为新生的海龟对他们出生的海滩的独特特征有印痕作用，这使得多年后性成熟的雌龟能够凭借对这一信息的回忆来找到那片海滩。

▼ 埃姆伦的实验是通过在天象仪上布置星辰的位置，来研究蓝大彩鹀迁徙中偏好的飞行方向

星辰罗盘

极少数夜间迁徙的鸟类看似是利用月亮的位置来定位（事实上，月光是一种干扰因素），其实它们是通过观察星辰位置的变化来定位。有一个关键的因素是夜空围绕一个固定点旋转，在北半球这个点是北极星。夜间活动的迁徙者不需要观察某一个行星或星座，它们只要能辨认出旋转的中心点即可。

美国生物学家斯蒂芬·埃姆伦将捕捉到的蓝大彩鹀放入天象仪，来探究星辰罗盘的本质。蓝大彩鹀被放置在底部是墨水盘的圆锥形纸筒内，那些沾有墨水的足印揭示了彩鹀喜欢的运动方向。当天象仪上的星辰被遮挡起来时，这些鸟儿就变得很困惑，它们会漫无目的地乱跳；但当真实的天空图被投射出来时，它们很快就会确定北极星的位置，并利用北极星来寻找北方——即它们从中美洲飞往北美洲的春季迁徙的方向。当整片天空旋转时，鸟类仍然可以朝北迁徙，证明了星辰的移动而不是它们在天空中的位置是鸟类定位的依据。

尽管有研究表明大棕蝠和其他一些物种会利用落霞的余晖找到自己的洞穴，但关于蝙蝠如何导航我们仍知之甚少。星辰罗盘这一定位方式也许可以被长距离迁徙的物种如灰蓬毛蝠、灰鼠耳蝠和欧洲的山蝠所利用。

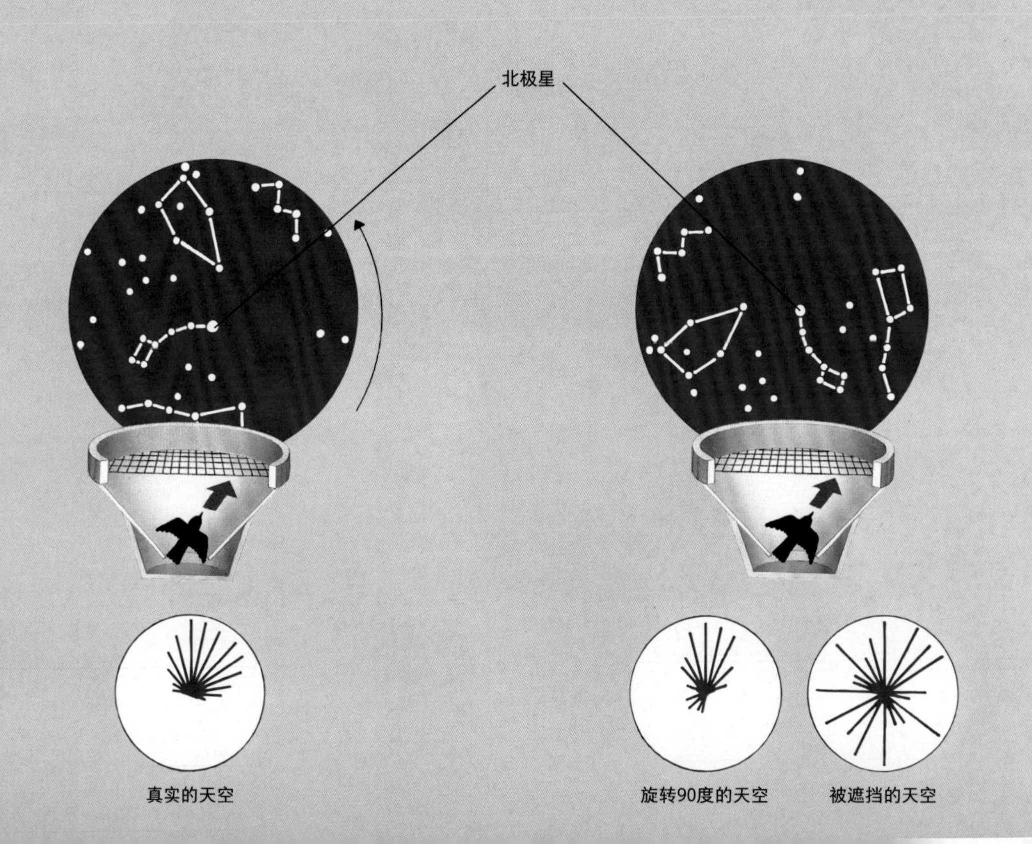

Invisible Clues
隐形的信号

▼ 鼠耳蝠这类食虫蝙蝠可能使用回声定位来导航和寻找食物

每种迁徙动物都有一套定位机制，其中许多都超越了人类可以理解的范围。有些物种通过嗅觉、味觉或听觉判定方向，有些物种则通过感知水质的细微变化。最令人惊叹的是通过感知地球磁场的细微变化来定位。

动物依靠嗅觉来探知方向听起来似乎不可思议，但事实上很多迁徙动物确实是利用嗅觉来定位的。角马运动时会低头寻找草丛中先前体验过的个体气味腺所分泌的信息素。海龟利用陆地独特的气味，沿着逆风的方向迁往它们营巢的海滩。即使是鸟类这种与其他物种相比嗅觉不太发达的动物，也会靠嗅觉定位：对家鸽的研究表明它们能够识别邻居的气味。海鸟（如海燕）靠嗅觉定位，它们会朝着海洋涌流的气味或它们位于悬崖顶端的繁殖地刺鼻的气味前行。

水生生物，尤其是鱼类，敏锐的嗅觉器官在定位中起着重要的作用。在开阔海域迁徙的鲑鱼能够通过不断感知海水矿物质盐含量的变化，即遵循一种嗅觉梯度，回到它们出生河流的河口地区。到达出生的河流后，它们再以相同的手段溯河而上，到达产卵地。鲸类可能具备分辨海洋中不同位置化学特征的能力，通过追寻远处浮游生物微弱的气味来寻找食物丰富的海域。

声音

迁徙途中通常会声音嘈杂，部分原因是迁徙中的动物需要交流来保持集群，另一个原因是声音本身至少在近距离范围内是一种定位的手段。声音定位通常有两种形式：最简单的是趋声性，即动物精确定位声源的能力，这在蛙类和蟾蜍中较为典型，它们通过在夜间发出的此起彼伏的蛙鸣来诱使其他个体进入繁殖的池塘；另一种形式是回声定位，动物通过发出声音脉冲和接收回声来了解周围区域的详细情况，食虫类蝙蝠（小翼手亚目）和齿鲸（齿鲸亚目，包括抹香鲸、海豚和鼠海豚）等毋庸置疑是回声定位的专家。

蝙蝠只能感知回声距离范围内（约100米）的物体，如果这是它们唯一的定位方式，它们就需要记住迁徙路途中的一整套声学"路标"。因此在利用回声定位的同时，它们也可能利用视觉信号和电磁场来辅助定位。与之相比，鲸类的叫声在水下能够传播数百千米，

神奇的力量

除磁力外，还有多个地球物理外力，将来可能被证实对保证动物沿固定路径迁徙有帮助，这些外力包括重力、地转偏向力（因地球自转而产生的力）和大气压。通过感知大气压的变化，鸟类可以获悉何时是最佳的迁徙出发时间。但是科学家仍未证明它们中的任意一种力被动物用来定位。

因此可被用于长距离导航：抹香鲸群曾被多次记录朝大陆架发出有力的叫声，一种解释是它们利用声音来监测迁徙的进程。

周围环境中的噪声也会对定位产生影响。许多鸟类和哺乳类可以感知能够远距离传播的低频声音，这也提升了它们听到如拍打海滩的海浪声和吹向高山的风声等远距离声音信号的可能性。但这些目前也仅是猜测，尚无确切的证据。

磁场

地球就像个巨大的磁铁，由南北磁极间椭圆形的磁力线组成环形磁场。地球磁场很早就被猜测可以帮助动物迁徙，但直到20世纪60年代，这一猜测才被德国科学家弗里德里希·梅克尔和沃尔夫冈·维尔奇克通过实验证实，这两位科学家把欧亚鸲放置在周围环绕电线圈的笼子中，并把鸟笼放置在外置磁力可以改变的电磁场中。当磁场改变，北磁极处于不同方向时，欧亚鸲会相应地改变偏好的飞行线路，进一步的实验表明欧亚鸲能够感知磁场磁力线角度的变化，以此来确定它们所经过的具体位置。

鸟类并不是唯一使用电磁场定位的物种，蝴蝶、蝾螈、大鳌虾、蝙蝠、鲸类、龟类和鲨鱼等都有“磁力罗盘”。事实上，多数动物都能感知地磁场，人类因为不具备这种能力而显得很另类。尽管磁铁是导航的有效部分，但地磁场这一罗盘如何工作仍然是未知的。1979年，查尔斯·沃尔科特博士领导的科学家们破天荒地在家鸽头部发现了微量的磁性物质，之后在许多其他迁徙动物体内也发现了微量的磁铁，最近的发现是黑脉金斑蝶的胸部也存在磁性物质。

磁力定位的优势在于其不受多云天气或昼长变化的影响，但它会在剧烈的雷暴和太阳黑子活动时失灵。太阳黑子活动和抹香鲸的集体搁浅之间似乎存在某些联系，这表明此时它们的电磁定位能力是失灵的。

▶ 撇开媒体的错误宣传，大白鲨的迁徙能力值得我们尊重和赞赏。和其他鲨鱼一样，这种海洋游荡者拥有令人惊叹的感知能力

鲨鱼的超强感知能力

鲨鱼真的是没头脑的杀戮者吗？其实称它们为“游动的计算机”或许更为准确。与其他大多数鱼类相比，按体形大小来说，鲨鱼拥有更大的大脑，这使得它们能够不断获取外界的信息。它们能够感知海水温度、盐度和化学成分的细微变化，能够“读懂”海浪和洋流的状态，感知海床上的地磁场，从而以惊人的精确度移动。利用卫星追踪的研究正在揭示鲨鱼许多此前不为人所知的迁徙模式：例如大白鲨规律性地穿越海洋，姥鲨也被发现从英国海域迁往加拿大。

Mental Maps
头脑中的地图

▼ 大杜鹃幼鸟从未见过亲生父母，却能顺利找到越冬地。图中的这只大杜鹃在一只蒲苇莺的巢中长大

迁徙的神奇之处在于它是动物的本能行为。迁徙动物的脑部有事先设定的程序，让它们在特定时刻以特定的方式朝着特定的方向前行。当然并非所有动物都是如此，但大体上多数动物是天生的迁徙者，它们从父母那里“继承”了一整套“迁徙旅行指南”，使得它们能够按时完成这一旅程。

过去普遍认为迁徙旅程本质上是实践和经验的产物，但这一理论却无法充分解释那些早期就离开父母的幼年个体如何在不受任何帮助的情况下完成迁徙。例如，多数鸟类在没有父母指引的情况下完成首次迁徙，它们当中有很多甚至再未见过父母。

如今我们了解到迁徙是一种可以遗传的预先设定好的行为。尽管它受世代相传的复杂的内部驱动因素控制，但随着生活经验的增加，动物的迁徙能力也会增强，所以，年长的个体确实是最为精确的导航者。然而，目前争论的焦点不在于迁徙是天生的还是后天养成的，研究者并不关注究竟本能和学习哪个更为重要，最新的研究中有一些则关注迁徙动物可能使用的“内置地图”的类型。

遗传和迁徙

大杜鹃是探索迁徙的遗传基础的理想研究对象。这些鸽子般大小的鸟类存在巢寄生行为，即雌鸟在其他鸟类的巢中产卵。但是即便幼鸟由其他种类的养父母抚养长大，这些杜鹃幼鸟也会按时在夏末出发向南迁徙，它们几乎沿着亲生父母一两个月前刚走过的路线迁徙，到达东非和东南亚的越冬地和其他个体会合。换句话说，杜鹃幼鸟一开始就知道要做些什么，它们一定会遵从从亲生父母那儿遗传的“迁徙日程表”，并朝着偏好的方向完成迁徙。

脑部力量

导航从本义上讲应该需要一张某种形式的头脑中的地图，这样动物个体才能利用这一地图，通过参照物建立所处位置和最终目的地之间的位置关系。但是，科学家对于动物迁徙受到该地图指引的程度存在着分歧。一些科学家认为还有一套不同的导航系统有待发现，例如动物可能参照一种“梯度系统”，通过这一系统，它们能不断地通过对比地球表面两个不同地点的特征来导航。

但有一件事是确定的：如果迁徙动物想要依赖头脑中的地图到达目的地，它就必须在脑部储存大量的信息。迁徙者为了在旅途中监控自己的旅程，它们需要重复查询这一数据库，利用所有可获得的可见的和不可见的信号定位。这有可能吗？我们不知道，但毫无疑问的是，迁徙动物大脑的分析能力和GPS（全球定位系统）相当。研究表明，迁徙的鸣禽比不迁徙的它们的近缘物种具有更大的海马体（大脑中用于处理空间信息、学习和记忆能力的部分），这表明迁徙似乎真的会开阔思维。

学习线路

一些迁徙动物的幼体在完全独立之前，会同它们的母亲或双亲一起生活很长时间，学习很多知识，并和它们的同伴一起完成整个迁徙过程。这种行为在雁类、天鹅和鹤类等以家庭群（即包含父母双亲的亲缘关系紧密的群体）为单位进行迁徙的物种中存在，也在多种鲸类和有蹄类动物中出现，它们的幼体在哺乳期与母亲一起迁徙。由于新生一代可以从父母亲那里了解到关于迁徙的一切，所以这些动物并不支持“完善的迁徙能力是天生的”这一观点。

这只蠵龟在游向目的地时在想些什么？事实上我们无法知道它们是否有头脑中的地图，以及它们会如何利用这一地图

Myths and Mysteries
神话和谜团

▶ 这幅奇异的木板画出自奥劳斯·马格努斯1555年发表的中世纪故事“Historia de Gentibus Septentrionalis et Natura”，描绘了渔夫正拖着一个装满鱼和冬眠的燕子的渔网的情景

▼ 在北美，迁徙的沙丘鹤群自古以来被当作文化偶像，它们洪亮的叫声是季节变化的象征

人类在石器时代就开始注意到动物迁徙，从那时起，动物迁徙就引起了人类的好奇、惊异，甚至是宗教般的热忱。每个社会发展阶段都出现了许多相应的故事来解释这一神秘的自然现象，并产生了众多仪式和节日来纪念这些迁徙动物无休止的来回。

最早证明人类知晓动物迁徙的证据是描绘动物穿越非洲稀树草原的岩画。遍布欧洲大陆岩洞的墙壁和悬崖突出物上的一些壁画，已经有至少两万年的历史。这些艺术品是由游牧的狩猎采集者所制，据推断可能是用作记录潜在食物的所在地或良好的

狩猎区域的图形记号。

动物迁徙在古埃及人的世俗生活和宗教生活中都扮演着重要的角色。肥沃的尼罗河谷地处连接欧洲和撒哈拉以南非洲的一个主要迁徙通道上，在伟大的古埃及文明中很早就有关于水鸟的不时来临与季节更替、太阳和星辰位置的变换有着某种联系的记载。古埃及的墓画准确地描绘了70多种鸟类，包括从遥远的北方迁徙而来的许多鸟类，例如鹤类、矶鹬、雁鸭类，以及三种北极地区生活的雁类——豆雁、白胸黑雁和红胸黑雁。

还有许多古老民族也都关注着迁徙动物，通常是由于这些民族会把迁徙动物作为食物。北美印第安人需要在适当的时间找到驯鹿、野牛、水鸟和鲸类作为食物，而这些动物也成为他们宗教信仰的崇拜物。在一些地区，鸟类等供狩猎的物种，甚至是昆虫的季节性迁移都是农历的组成部分，特定物种的到来告诉人们是种植庄稼的时候了。

受人尊重的类群

很少有迁徙动物像鹤类那样自古以来在世界各地都激励着人类。这些优雅得像鹭一样的鸟在世界各地都被誉为是希望、丰收、长寿和四季更替的象征。我们对鹤类持有的印象和它们漫游的习性有很大的关系。鹤科的多数成员都进行远距离迁徙，而且它们都非常忠诚于自己的伴侣，每年和同一个伴侣出现在同一个地点。鹤类总是以独特悦耳的叫声和优雅的舞姿宣告其回归。在印度北部的拉贾斯坦，村民用谷物欢迎冬季前来越冬的蓑羽鹤；而美国有15个州都有专门的节日庆祝美洲鹤和沙丘鹤路过那里；鹤类狂欢节也同样出现在中国、日本和瑞典。

奇异的理论

古希腊的哲学家最早对动物迁徙行为提出了一些接近于科学的理论，尽管他们的结论通常归结于魔力。亚里士多德（前384—前322）意识到了许多鸟类都有迁徙行为，但对于某些夏候鸟（例如燕和莺类）的突然消失，他的解释却是独一无二的，他认为这些物种神奇地变换成了冬季出现的不同物种。他的变换理论在欧洲一直盛行至中世纪。

另一个直到19世纪仍广为流行的理论是，迁徙鸟类的消失是由于它们在池塘或湖泊底部的淤泥中冬眠。这些想法现在看来非常牵强，但在当时对于解释那些奇怪的现象又是合理的尝试。早期的博物学家同样因为在河流中见不到任何欧洲鳗鲡的鱼卵或鱼苗，但能见到许多成体鳗鲡而备受困扰，这一谜题直到20世纪20年代才得以解开，那时欧洲鳗鲡的马尾藻海产卵地被发现了。

研究进展

在18世纪和19世纪初，生态学这门新兴的学科诞生了，它研究植物、动物和其他生物，以及它们之间、它们与环境之间的相互作用。卡尔·林奈（1707—1778）是现代生态学的创始人之一，他发明了一套严格的物种分类系统，为野生动物行为学的系统研究奠定了基础。博物学家在世界范围内开展探险，发现和命名了数以千计的物种，也慢慢地增进了我们对动物迁徙模式的了解，但迁徙研究的最大突破却是在20世纪出现的。

南太平洋的探险

人类的一些迁徙活动被认为受到动物迁移的驱动，这听起来似乎不合实际，却可以用来解释人类对新西兰的占领。第一批到达新西兰的居民是来自南太平洋波利尼西亚群岛的航海部落，他们可能在大约1 000年前乘坐独木舟到达新西兰。他们是否受到迁徙海鸟的指引了呢？因为每年的9—11月，大批海鸥和海燕会从北太平洋往南飞至新西兰和澳大利亚附近的繁殖地，并在几个月后返回。

▼ 岩画是已知最早的动物迁徙的展现方式，也为我们提供了迁徙物种存在历史的线索。图中的这张岩画来自非洲纳米比亚的达马拉兰

Origins
起源

▼ 抹香鲸属于齿鲸类，以鱿鱼为食。长久以来，这一物种已经进化出了一套部分个体参与迁徙的机制，只有大型雄性抹香鲸参与长距离迁徙，而雌鲸和幼鲸则常年待在热带海域

迁徙是一个动态的不断演化的过程。尽管迁徙的个体会坚持同一条可预测的路线，但随着时间的流逝，迁徙动物的迁徙模式会根据外界的威胁和机会而改变。迁徙只是物种对生存空间和资源进行竞争，从而对周围环境不断适应的一个例子。

在地质历史上，地球曾经是个大熔炉，这对动植物产生了深远的影响。千百万年以来，大陆的重新排列、新的海岸线、大陆桥和山脉的形成使得动物不断修改迁徙路线。这些外力也同样作用于海洋动物。例如，座头鲸和灰鲸进行的长距离迁徙在过去可能距离要短得多，因为随着大陆板块的漂移，它们的冷水采食地和温水繁殖地之间的距离越来越远。

迁徙最重要的影响因素是冰期的周期，它使每一物种的栖息地范围不断地发生变化。许多当前的远距离迁徙都起源于约1万年前的气候变暖，那次气候变暖宣告了最后一个冰期的结束。北半球的冰盖逐渐朝北极消退，苔原带的南部边界也随之北移。于是那些迁往苔原带繁殖的物种，例如驯鹿、矶鹬、天鹅和雁类，往返南方温暖的越冬地的旅程就会随着世代的推进而逐渐变长。

迁徙的演化

迁徙行为并非在所有生物中都普遍存在——它只在特定生物群落或类群中才进化出来。据我们所知，尽管灵长类动物有大约230个现存物种，但它们

鲸类之谜

为什么多数须鲸会游向热带海域繁殖是最大的迁徙之谜之一，热带海域通常缺乏浮游生物等鲸类这些庞然大物的食物。因此它们常年待在营养丰富的两极水域似乎更加合理？事实上，北极露脊鲸确实终生在食物丰富的北极海域生活。可能的原因是数千年前，一些须鲸开始迁往低纬度地区，因为在那儿它们有更高的繁殖成功率。怀孕的雌鲸需要平静、有遮蔽的海滩来产崽，而这样的海滩在热带海域更为常见。另外，在热带海域潜行的虎鲸也较少，热带海域的海水温暖且盐度较高，新生幼鲸缺乏厚厚的鲸脂提供的隔温层和浮力，因此这里是新生幼鲸的绝佳育幼地。

却极少存在真正的迁徙（见13页）。同样的情况也出现在鹦鹉当中，现存的约350种鹦鹉中，极少数进行长距离的季节性移动，只有两个种群会规律性地穿越海洋。这并不奇怪，因为灵长类动物和鹦鹉都极其偏好热带森林，这些地域全年高温，雨量丰沛，全年植物生长茂盛，动物基本没有迁徙的必要。

与此相对，热带草原则有干湿季交替，存在显著的极端气候，结果导致雨季时，植物会突然疯长，而在旱季时，干渴的地面会变成土黄色，食物也会非常难以寻找。热带稀树草原动物中的优势种群是食草动物，尤其是偶蹄目动物，这些大型哺乳动物中的绝大多数个体要么过着严格的迁徙生活，要么过着游荡的生活。

逐渐的改变

像其他可遗传的特征一样，迁徙的遗传学基础意味着它通过自然选择的过程而得到发展。每个物种的内部迁徙“程序”都会经过多个世代的逐渐适应，以提高存活的可能性。我们通常几乎感觉不到这些变化，但有时这些变化会非常迅速，人们在一个世代周期内就能感知到。其中一个典型的例子就是黑顶林莺的迁徙，这种小型食虫鸣禽在欧洲和西亚的森林中繁殖，在撒哈拉以南的非洲越冬。从20世纪70年代起，由于气候变暖，越来越多的黑顶林莺选择留在北欧越冬。这种不迁徙的行为最开始可能是偶然的，当少数个体没能完成正常的迁徙时才发生，但这种行为现已在北部的黑顶林莺的一个亚种中普遍存在，因为这种不迁徙的行为可以节省体力，因此可以增加存活的可能性，最终这个黑顶林莺种群将进化成两个不同的物种。

▼ 一些黑顶林莺已不再从欧洲的繁殖地迁往非洲。研究表明，与迁徙的林莺相比，这些不迁徙的林莺翅膀更小，这是一个正在发生的进化的例子

Studying Migration
迁徙的研究

▼ 一个适合于大型鱼类的弹出式记录标记，程序经过设定后，能向卫星系统传回其所处位置、深度以及周围的温度和光照情况

我们对动物迁徙的了解已经取得了很大进展。现在即使像蜻蜓这么小、这么纤弱的物种迁徙之旅都可以通过精密的传感器和数据记录仪器来进行细致的跟踪，同时新型分析技术也使得科学家能够研究迁徙者的化学组成。

直到20世纪初，大多数对动物迁徙模式的观察还是通过像捕鲸和大型狩猎这样的活动，或者通过自然史学家搜集的标本而得到的。但在20世纪四五十年代，随着野外鉴定技术的发展和光学设备性能的提高，博物学家开始系统地研究动物迁徙，并在岛屿、高原和其他迁徙热点地区建立了一个观察网络用于记录鸟类的迁徙。如今我们生活在网络统计时代，由专业的观察者将观察到的内容实时上传到网络，从而可以获得一个实时、详细且有多种形式的动物迁徙地图。

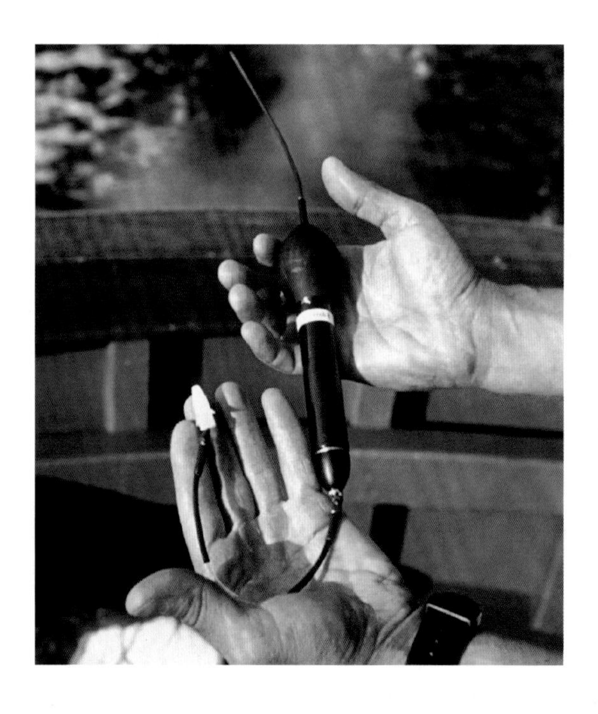

化学成分分析

迁徙研究的一个最新分支是样品的比较化学分析方法。例如在同位素追踪研究中，生物学家会测量氘（氢的一种稳定的同位素）的含量，迁徙鸣禽羽毛中氘的含量和繁殖地植物中氘的含量相吻合，因此可以作为其出生地的一个表征。该技术已被用于确定黑脉金斑蝶在墨西哥越冬地的孵化场所。

为了跟随动物的迁徙，研究者会乘坐各种工具升空进行空中调查，从超轻型飞机、热气球到轻型航天器。空中调查适用于那些易于逃避、活动范围较广的动物，特别是在草原活动的食草动物和大型海洋迁徙者如蓝鲸、鲸鲨和棱皮龟。为了在有代表性的区域展开调查，调查人员通常会在150米的高空沿着固定的“之”字形航线飞行。

◀ 为方便起见，鸟类通常在雏鸟期时就被标记环志，但在迁徙途中，它可能会被各种无害的方式如雾网捕捉。正如“雾网”这个名字的字面含义那样，雾网由几乎看不见的非常细微的网线组成

识别个体

研究迁徙的一个最简单方法是标记迁徙个体以识别个体，然后在个体被发现的两个点之间划直线来获得它们的运动轨迹。这一方法始于1899年，在那一年，丹麦教师汉斯·克里斯琴·莫滕森发明了“环志”技术。莫滕森调查了紫翅椋鸟的巢，并给每只幼鸟安装了一个铝制的脚环，每个脚环都刻有独特的序列号和邮寄回的地址。任何人只要看到这些鸟，就可以把发现它的位置和发现时间反馈回来。

从1899年开始，已有超过两亿只鸟在世界范围内被环志，其中只有很少的一部分会被“回收”（被捕获、猎杀或者死后被捡到的委婉说法）。但是即便回收率只有1/300（这个比率是小型鸟类中的平均值），仍能给我们提供关于迁徙者目的地的有价值的信息。除了环志外，在哺乳动物中同样有效的标记方法包括使用颜料标记和在颈部或背部系挂塑料标签等。海龟的蹼状脚有专门设计的标记物。甚至昆虫也能被成功标记，例如在黑脉金斑蝶的翅膀上涂抹颜料或在其身上粘上极小的标签。

雷达和卫星追踪

第二次世界大战后，雷达的快速发展使得实际的迁徙路线得以被记录。尽管雷达操作人员起初被屏幕上的干扰波所困扰，以为是“天使”，但很快就意识到这些干扰是由成群的迁徙鸟类引起的。现代雷达功能强大到可以准确指出迁徙鸟类或蝙蝠的飞行高度、速度和翅翼拍打次数等。在水中的类似装置被称为声呐，可以感知在水下运动的鱼群。

近几十年来，动物迁徙研究由于卫星追踪（也叫作卫星遥感）技术的发展而有了革命性的进展。研究者在被研究的迁徙者身上安装“平台发射终端”（PTT）跟踪装置，这些装置可以向在预定轨道运行的卫星发射信号，然后卫星再把相关信息传回到地面的计算机终端。20世纪90年代以来，传感器越来越小，也越来越轻便，并且有更强的电池续航能力和信号（意味着信号能覆盖更广的范围），这些使迁徙者可以被跟踪数月。最新的传感器包括项圈、飞镖、脚环，以及一种可粘在昆虫胸部的微型装置，它们能够给出动物身体状况、环境和迁移等方面的实时信息。

除了这些追踪装置，还有数据长期存储设备，这通常用于鱼类的迁徙研究。这些设备一般以外科手术式的方式植入鱼体，但这种内置标记物的缺点是回收时需要重新捕获动物个体并加以解剖。一种替代物是使用“弹出式记录标记”（PAT），这些标记经事先设定后，能够在特定时刻脱离动物个体，并自行浮到海面，通过卫星上传储存的数据，而这些标记本身没必要再回收。

▶ 图中这只年幼的驯鹿被佩戴了用于地理定位的项圈。研究者依靠项圈发射的无线电信号追踪这只驯鹿，并在很远的距离使用双筒望远镜来计数，从而把干扰降到最低

追踪灰鹱

2005年，研究人员利用卫星追踪标记来调查灰鹱这种世界上数量最多的海鸟。19只灰鹱在新西兰的繁殖地被安装了卫星追踪标记，结果显示它们飞越太平洋后穿越赤道做环形迁徙，最北到达日本、俄罗斯的堪察加半岛和美国的阿拉斯加。标记会传回每只鸟所在的位置，同时会记录这只鸟的潜水深度和周围的温度。

图A展示了灰鹱在222～313天内的迁徙路径：蓝色区域代表灰鹱繁殖季节的采食之旅；黄色区域代表迁徙者在迁徙早期往北迁徙时的路径；橘色区域代表越冬地的运动和之后的南迁线路。图B～D展示了三对灰鹱的完整迁徙线路，表明这种鸟类采用“8”字形的迁徙线路，在中太平洋一条狭窄的迁徙通道里迁徙，这可能是为了利用全球循环风。

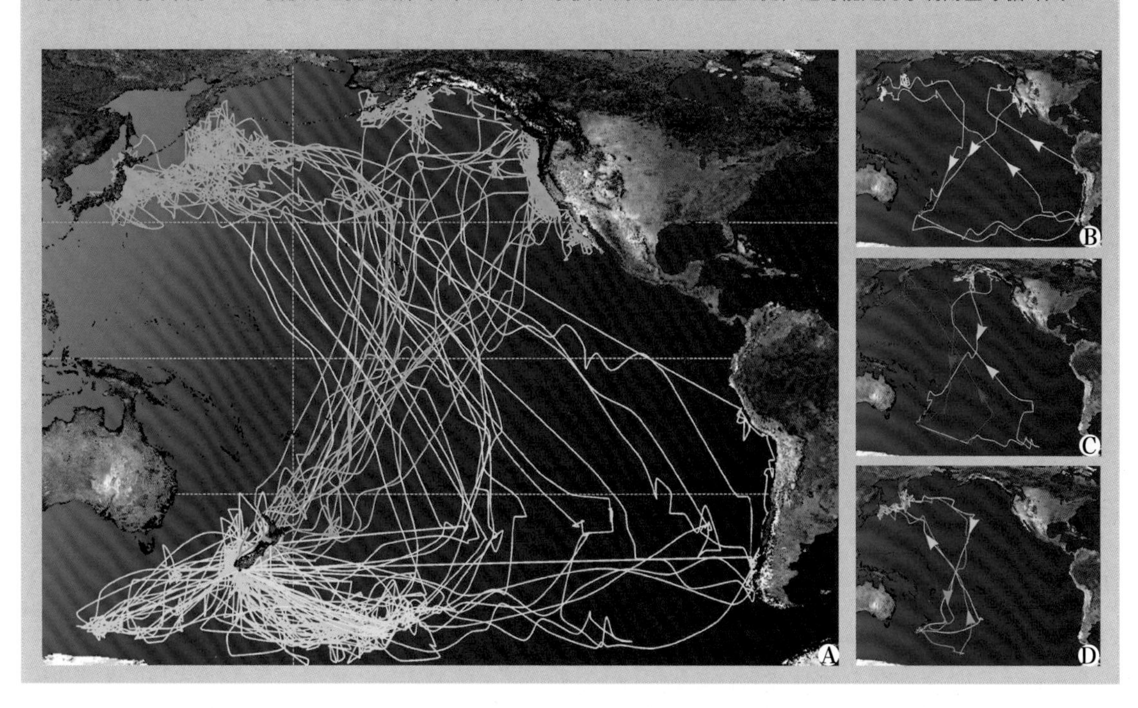

Growing Dangers
逐渐增加的危险

▶ 输电线杀死了无数只迁徙鸟类，尤其是那些大型的、飞行速度较慢的物种，例如猛禽和鹳类。公共事业公司逐渐对这一情势负起了责任，并开始将这些致命的电缆移出重要的空中迁徙通道

▼ 全球15亿公顷的耕地中有很多都采用单一的耕作模式。这种单调的毫无特色的景观，对迁徙物种来说毫无用处或用处极少

尽管迁徙动物在迁徙中面临着危险，大自然仍旧保证迁徙动物和迁徙周期的存在。但人类活动几乎在一夜之间就打破了这个生物学现状。动物正面临着人类过度捕猎、捕捞的压力和大量人造障碍的影响，以及栖息地被肆意破坏的威胁等。

捕猎是一种最古老的人与野生动物相互影响的形式。但在过去200～250年间，捕猎的威胁程度和受威胁的物种数却有了很大变化。许多现存的大型动物，包括大象、犀牛、野牛和鲸类，在20世纪前半叶都几乎灭绝。掠夺式的捕鲸船队竞相比较捕猎

的鲸鱼数，而这些捕鲸者认为他们猎物的数量是无限的，他们每次捕猎都会满载而归。一名南非狩猎动物管理官员在1908年日志中的一页就记录了996只犀牛被射杀。

小型动物也不能幸免。穿越南部非洲平原的跳羚大迁徙曾经使东非角马的迁徙都相形见绌，但白人定居者猎杀了太多跳羚，以至于“Trekbokken”（一年一度的迁徙大壮举的称呼）都逐渐消失，现在仅存于遥远的民间传说中。过去数百万只的野生跳羚现在仅剩数百只了。

21世纪的情景我们应当更为了解，但这种大屠杀仍在继续。现今受到过度捕猎威胁的迁徙物种包括多数大型鲔鱼、鲟鱼和鲨鱼，大西洋鳕鱼和鳕形目的几个近亲，全球7种海龟中的6种，数量众多的鸟类和水鸟，亚洲的羚羊如高鼻羚羊和藏羚羊。有时一些并非有意的举动也会对迁徙动物造成伤害——例如每年约有10万只信天翁被金枪鱼延绳钓的钩子所杀害，几乎每5分钟一只。

人造障碍

在这个日益拥挤的世界里，原生态的自然环境是非常珍贵的，留给迁徙动物畅通无阻迁徙的空间越来越少。在陆地上，大到大象、小到蟾蜍等物种原本的迁徙路线都被围栏、高速公路和城市的扩张所阻隔。没有哪里是不被侵犯的，即使遥远的北极也正逐渐布满石油和天然气管道，迫使驯鹿缩短传统的迁徙线路。在空中，迁徙鸟类必须应对可能致命的输电线，还要避开在山顶和海岸迅速涌现的闪光的风车。

越来越多的证据表明电话线杆、广播和电视信号发射塔会增加迁徙的风险：它们闪烁的灯光和产生的电磁辐射可能会影响鸟类对方向的感知。对刺歌雀这种新大陆雀形目鸟类的研究表明，这些夜行性的迁徙者容易受到信号发射塔明亮红光的迷惑，而直接朝它们飞去。这一问题的后果可能非常严重，一项调查显示每年仅美国的信号发射塔就可能造成约300万～400万只鸟类的死亡。

破碎的栖息地

迁徙动物在濒危动物名单中占据首要位置的一个主要原因是它们需要能在一片片的适宜栖息地之间移动的连接通道，而一些通道正在消失，甚至已经消失。在地方层面上，迁徙通道可能仅因为森林、草原、池塘或沟渠的消失而消失；在地区层面上，则是因为自然的季节性栖息地整个被转作他用而消失。地球上很多陆地用于农业生产，很多陆地被城市覆盖。河流被筑堤建坝，被改道或排干。这是地球历史上最大的生态变化之一，使得迁徙动物，尤其是哺乳动物几乎无处可去。

造成这一现象的部分原因是许多国家公园和自然保护区的规划和建立，远在我们了解动物的重要迁徙廊道的重要性之前。一些随意拼凑的小面积的、孤立的“避难所”远远不够，迁徙动物需要的是公共的和个体所有的保护地之间的一个相互连接的网络。只有采取全球范围的保护措施才能保护那些跨越不同国家和地区界限的迁徙物种。

永远的消失

1901年，由于枪杀和毒杀，旅鸽在野外灭绝，这给人类敲响了警钟，告诫我们即使曾经数量众多的物种也可能被人类消灭殆尽。旅鸽在美国东部和加拿大南部的森林中集中筑巢，繁殖季结束后会到美国南部和墨西哥越冬。在穿越美国中西部时，它们会结成可能是已知鸟类群体中最大的群体，一些群体可达1.6千米宽，500千米长。但这些迁徙的鸽子却被人类大规模屠杀，有些作为食物，有些作为肥料，有些是为了保护农作物，而有些仅仅是为了娱乐，最终造成了不堪设想的后果。1914年，地球上最后一只旅鸽在辛辛那提动物园死去。这一物种的灭绝提醒我们，仅聚居在少数地区的物种通常容易受到捕猎的威胁。

► 旅鸽曾经是北美洲数量最多的鸟类，却在数十年内灭绝。这提醒我们永远不应该随意忽视迁徙物种的生存

▼ 位于中国湖北省的三峡大坝，横跨长江，是世界上最大的水利枢纽，但其大规模的水电设施也引起了一系列的环境问题

▼ 估计到2070年，松柏科植物将占据红胸黑雁3/4的繁殖区域

The Beginning of the End?
灭绝的开始？

气候变化正在成为迁徙动物面临的最大威胁。气温的升高和不可预测天气的增加，开始破坏迁徙动物不同季节的栖息地，正在打破它们长期以来形成的迁徙模式。如果我们有能力逆转这一潜在的毁灭性过程，迁徙动物就能继续生存下去。

人类无休止地燃烧化石燃料可能会造成，或者已经造成了大规模的生物灭绝事件——地球历史上的第六次大灭绝。如果不采取紧急的补救措施，千万种生物可能走向灭绝。现在科学界的普遍共识是到2015年前，尚有时间来阻止温室气体的排放量超过导致不可抑制的气候变暖的临界点。

过时

与其他物种相比，迁徙动物对复杂多变的气候更为敏感，因为它们需要按时启动迁徙之旅，以便利用食物和水分等短期的季节性资源。它们在一年或一生的时间里常常路过不同的栖息地，需要在合适的时间出现在合适的地点，掉队可能意味着灾难。另外，气候变化会使迁徙之旅变得更加危险，因为气候变化可能导致沙

正在消失的苔原

如果气候变暖的态势持续下去，北极苔原可能是陆地上率先受到影响的地域。更加温暖的冬季和更长的夏季可能造成永久冻土层的大面积融化，使得北方区的针叶林向更北方向推进，逐渐占领这片广阔无树的区域。最坏的情境是那些迁往苔原地区育幼的物种，包括涉禽、水鸟和大群北美驯鹿将无处可去。

漠扩大、海洋洋流改变、海冰破裂和暴风雨更加猛烈。由于对这种变化的敏感性，迁徙动物通常可以作为地球健康程度的早期预警系统，但现在看来前景并不乐观。

现有的证据

一系列令人担扰的生物学指标结果都表明有些迁徙物种的状态并不好。例如，2006—2007年对东太平洋的灰鲸的调查发现，气候变化影响了它们的繁殖成功率和健康状况。海水温度升高，可能降低了海洋自身的生产力，异常多的灰鲸由于在白令海这个主要采食地找不到充足的无脊椎动物作为食物，而被迫在身体状况欠佳的情况下迁徙。在世界的另一端，南大洋也变得更加温暖，这对那些已经适应凉爽海水的海洋生物，从微小的磷虾到位于食物链顶端的物种如信天翁、海豹和鲸类等都将导致相同的严重后果。

现今在墨西哥山区，越来越少的黑脉金斑蝶能活过冬季，可能的原因是拉尼娜效应引发更加频繁的暴风雨和更加温暖干燥的冬季。通常情况下，这种蝴蝶的数量能够在次年迅速恢复。但如今，由于杀虫剂的使用和栖息地遭到破坏等因素的影响，黑脉金斑蝶的美洲夏季分布区的生存压力迅速增加。气候变化还和其他环境恶化形式共同作用而对黑脉金斑蝶产生影响。这一现象也在许多其他迁徙物种中出现。海龟这种历经1.5亿年的气候变化的幸存者，当气候变化与捕猎、海洋污染和栖息地破坏共同作用后，它可能就无法承受了。

迁徙者能够也确实积极地响应着气候的变化。例如和过去相比，一些迁徙鸟类到达繁殖地的时间提前了，而另一些鸟类的出发时间则推后了。但多数情况下它们的反应还不够及时。在全球范围内，每10年春季会提早2.3天，结果造成温带地区的栖息地朝两极方向推进，迁徙动物可能会陷入困境，在错误的时间出现在错误的地点。

◀ 丽龟正承受着历史上前所未有的压力。如果像预测的那样，人类活动造成的气候变暖将造成海平面上升，沙滩沙子温度升高，以及引起海洋洋流的变化，对丽龟来说这将是场巨大的灾难

Migration over Land

陆上迁徙

▲ 这群普通斑马正在全速奔跑。每年斑马群都在雨水充沛的草原绿洲之间迁徙数百乃至上千千米

世界上的陆生动物自远古以来就有长距离迁徙的行为。它们可能要艰难跋涉数周，穿过险恶的地域，例如多沼泽的冻原、冰帽、炙热的沙漠、布满岩石的高山甚至活火山，才能到达安全的目的地。与水生生物可以依靠快速流动的洋流，或空中飞行的迁徙动物可以依靠风力有所不同，陆生迁徙动物必须依靠自己的脚步完成旅行，因此，它们的旅程要比水中或空中迁徙的个体短，但是一同迁徙的动物的绝对数量通常大得惊人。

Caribou
驯鹿

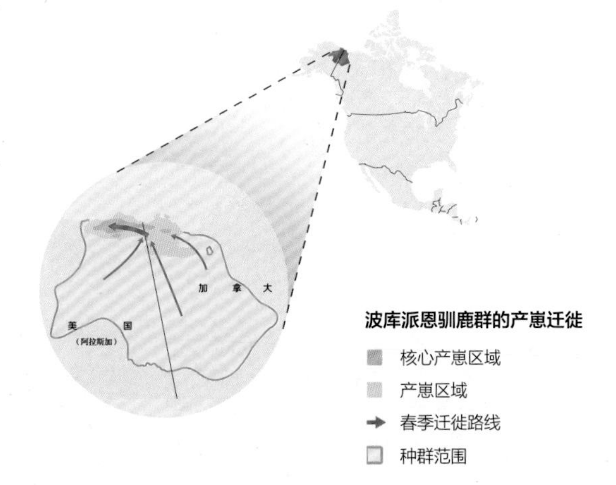

驯鹿是陆生哺乳动物中一年内迁徙路程最远的物种。每年夏季它们都会返回荒凉的苔原中的同一块繁殖地，之后再向南跋涉到森林里越冬。超大群的驯鹿会穿越高山、河流和湖泊，每经过一个地点都可能需要花费数日。

迁徙档案	
学　名	*Rangifer tarandus*
迁徙路径	从夏季栖息的苔原带迁往冬季越冬的北部森林
迁徙距离	单程最长可达800千米
观察地点	美国阿拉斯加州北极国家野生动物保护区
迁徙时间	6—7月

这张航拍照片显示一群阿拉斯加的驯鹿穿过松软的苔原，往北迁至采食地，并在那里为即将到来的冬季积攒脂肪

► 在严酷的冬季，驯鹿采食雪下的地衣维持生存

驯鹿是鹿科动物中的迁徙冠军。这些持续的漫游者会自由地穿越地球上一些最大的荒原，穿过北方区的针叶林与寒风肆虐的苔原之间的过渡地带。它们的夏季和冬季栖息地通常相隔160～180千米，如果把它们在冬夏栖息地的活动也计算在内，总距离要远大于此。在加拿大魁北克省进行的一个无线电追踪调查结果显示，一些驯鹿每年可迁徙6 000千米。

欧洲和俄罗斯的驯鹿曾被广泛驯养，如今仍被少数游牧民族，例如拉普兰的萨米人（拉普人）和西伯利亚的涅涅茨人饲养。这些游牧民族跟随驯鹿群移动，在用驯鹿毛皮制作的帐篷中睡觉，并使用驯鹿拉的雪橇运输物品。

地区差异

野生驯鹿群的数量差异很大，从数千只到数十万只不等，甚至更多。据估计有三个驯鹿群拥有50万只个体的规模。不同驯鹿群的迁徙距离也有很大的差异，取决于地形和天气状况。一般情况下，北方的驯鹿群最大，迁移距离最远。真正的远距离迁徙动物通常是指那些在夏季迁徙至苔原的驯鹿裸地亚种。

驯鹿裸地亚种中最广为人知的一支是在春季和秋季沿着阿拉斯加波库派恩河迁徙的以波库派恩河命名的鹿群。研究人员使用包括卫星遥感在内的多种调查方法对波库派恩驯鹿群进行了多年的研究。2007—2008年，这一种群共有12.5万只个体，其中

狼的捕猎

驯鹿的头号天敌是北极狼。这些近乎纯白的厚毛皮狼，是狼的亚种中体形最大者。驯鹿幼崽的死亡约有70%是由北极狼的捕杀造成的，另外北极狼还捕杀许多老年的和生病的驯鹿。狼群可以在越冬地的森林中发动突然袭击，但在其他季节，它们跟随迁徙的驯鹿穿越开阔的苔原，在那里它们没有伏击的机会，只能靠追逐驯鹿来捕获它们。它们可以一次全速追逐10千米。10个月以上的狼崽已经足够强壮，能够参与捕食。在捕捉到猎物后，狼群中的成员会用反刍的肉来给狼崽喂食。不参与猎杀行动的狼崽可能会被熊或其他狼群所杀害，因此对北极狼来说，夏季对驯鹿的捕猎也可能以大灾难告终。

◀ 北极狼坚持不懈地跟随驯鹿群数天或数周，穿过开阔的苔原带，等待合适的猎杀时机

有近50只佩戴了卫星信号发射项圈。这些项圈能够定期提供精度在1 000米以内的驯鹿位置信息，使得研究人员可以实时追踪鹿群的运动情况。

年度周期

波库派恩鹿群在育空地区和阿拉斯加布鲁克斯山脉南部的部分地区越冬，然后北迁到北极国家野生生物保护区的滨海平原和丘陵地带的传统繁殖地。鹿群的年度迁徙不仅仅是两个地区之间的单向旅行，它们可以根据积雪和食物种类的变化把一年分为八个季节。

冬季，驯鹿的主要食物是一种被称作石蕊的地衣，驯鹿可以使用角和蹄子挖出埋在雪地中的地衣。在3月或4月，这些食物被食用殆尽后，驯鹿会往北迁徙寻找更好的采食地。它们排成单行，踩着前面个体的足迹在深雪中艰难行走，在行走过程中会停下来寻找地衣和莎草。通过这种高效的步法，它们每天能以最少的能量消耗行走50千米。驯鹿被认为能通过视觉地标、电磁场和太阳来确定迁徙路线。一项研究表明，它们沿着角度小于15度的狭窄通道迁徙。

5月底，驯鹿最终会到达长满茂盛的新生羊胡子草的草原，在这里它们可以尽情采食。驯鹿群中怀孕的雌鹿会比雄鹿和幼鹿提前到达。数年的数据显示，几乎所有的分娩都发生在6月1日到10日之间。突然间大量出现的小驯鹿会混淆捕食动物——主要是狼和棕熊的判断，使得被捕食的驯鹿数量降到最低，同时也保证了整个驯鹿群的同步迁徙。刚出生的幼鹿在只有一天大时，跑步的速度就可以赛过奥运会的短跑选手。

7月初，温暖潮湿的苔原空中充斥着蚊子和牛皮蝇，迫使烦躁的驯鹿集结成群到海岸或冰原上寻找躲避处，那里凉爽多风的气候使这些昆虫无法生存。如果不采取这些办法，一只在苔原生活的成年驯鹿每周可能被吸去约1升的血。驯鹿在7月底离开海岸，向南游荡到高原地区，在那儿待到9月或10月初，最后前往繁殖地，再从那里迁往它们位于森林中的越冬地，并开始下一个循环。

Polar Bear
北极熊

北极熊迁徙

- 永久性北极冰盖
- 北极冰盖的延伸区域
- 北极熊活动范围
- 往外迁至结冰的洋面
- 海冰融化时重返陆地

对北极熊来说，冬季是食物充足的季节，它们可以在北冰洋冻结的冰面上漫游来寻找海豹。但夏季它们的冰上捕猎场会破碎不堪，更南部地区的北极熊就会被迫上岸。它们通常需要游很远去寻找陆地。

迁徙档案	
学　名	*Ursus maritimus*
迁徙路径	南方种群夏季登陆，冬季重返海冰
迁徙距离	每年最长可达1 125千米
观察地点	加拿大马尼托巴省丘吉尔镇
迁徙时间	10月中旬至11月

北极熊是世界上最大的陆生食肉动物：一个10岁的成年雄性体重可达800千克，几乎和小型汽车的重量相当。它们处于北极食物链的顶端，和许多顶级捕食动物一样，它们每年会迁徙数百千米甚至更远去寻找猎物。海冰是移动的栖息地，会随着洋流漂移，而每年结冰的时间也不尽相同，因此北极熊的活动范围非常大。小的活动范围约有5万平方千米，而最大的活动范围大约是该数字的7倍——几乎和美国新墨西哥州的面积一样大。与许多其他食肉动物不同的是，熊类不是领域性动物，它们的活动范围界限模糊，相互之间会有重叠。

北极熊在极其多变的环境中生存。海冰随时移动，因而北极熊也要随时移动

冰冻的边界

北极熊在多年冰冻的北极冰盖和苔原带之间生活，和我们普遍认为的正好相反，北极点附近的冰原并没有北极熊。它们的大本营是一个被称为“北极生命圈”的异常富饶的生态交错带，这是个由冰间湖（冰块间常年清透的开阔水域）和与北极的海岸带平行的冰上通道（海冰中的水道和裂缝）组成的迷宫，为北极熊提供了绝佳的捕猎场所。

环斑海豹，尤其是环斑海豹幼崽，是北极熊的主要食物，环斑海豹肥胖的身体有3/4都是脂肪。北极熊其他的海洋猎物包括髯海豹、独角鲸、白鲸的幼崽和海象，但这些猎物太大，更难捕获。在整个冬季，北极熊靠监视海豹在海冰上的呼吸洞来捕猎，它们会耐心地等待其中一只海豹浮出冰面呼吸时，尽力把它拖出水面。环斑海豹在3月中旬到4月的繁殖季节尤其容易受到攻击，那时新生的环斑海豹幼崽会藏身于冰脊和风化的雪盖下的洞穴中。异常灵敏的嗅觉使北极熊能从5千米开外找到隐藏的海豹幼崽，但即便如此，这种砸开冰面捕食海豹幼崽的行动也只有不到1/3的成功率。

北极熊除睡眠之外的大部分时间都用来捕食海豹，它们要吃下海豹大量的油脂，为几个月后食物匮乏的夏季储存脂肪。每年6月，海豹幼崽会离开出生地到开阔的水面，逐渐升高的温度也使冰面之间的距离加大，北极熊必须靠游泳才能在其间活动。这些强有力的游泳者在必要时可以连续游行数小时，有记录显示，北极熊可游至距海岸95千米远的海域。但最终，破碎的浮冰会因为太小、太分散，而使得北极熊无法在其上进行有效的捕猎，从而迫使北极熊登陆。

夏季对北极熊来说反而是个困难时期。在陆地上，北极熊由于身披较厚的毛皮，会感到非常炎热，而且陆地食物缺乏，它们只能到处翻找浆果和植物根来吃，有时也会捕捉少量的海鸟和旅鼠，但这些食物对于北极熊这个庞然大物来说远远不够，因此它们经常挨饿。到10月底，这些几乎要饿死的北极熊会极度渴望海面重新结冰，这样它们就可以再次猎捕海豹了。

南部迁徙者

北极熊种群中最具迁徙性的是南部种群，包括分布在加拿大哈得孙湾和拉布拉多、格陵兰岛的南半部、白令海、楚科奇海和波弗特海的南部等地的北极熊种群，南部地区冰面破裂的情况更加普遍，持续的时间也更长。广义上讲，这些北极熊遵循南北迁徙的路径，春季随浮冰退往北部，秋季则往南推进，尽管各地的具体情况会有所不同。

北极熊波弗特海种群的迁徙情况有很好的记录，当前对佩戴卫星定位项圈的雌性北极熊的研究表明，北极熊并不是随机游荡，而是沿着海岸和水道穿越冰面。它们是行走速度相当缓慢的迁徙者，极少会在一天内行走超过50千米。

新的冷战

如今，北极熊正处于环境整治的最前沿。气候变暖缩减了北极海冰的面积，进而缩短了北极熊的繁殖季，结果导致北极熊与15年前相比，平均体重减少了80～90千克。2007年美国地质调查局的一项调查报告显示，除非温室气体的排放大幅度减少，否则全球2/3的北极熊，包括阿拉斯加的全部种群，将在2050年灭绝。

▶ 受饥饿驱使，北极熊在加拿大马尼托巴省丘吉尔镇郊区的一个垃圾堆觅食。由于缺乏它们日常的食物，北极熊变得越来越大胆，有时甚至冒险到镇中觅食

北极熊和人类

位于加拿大哈得孙湾西海岸的丘吉尔镇，被誉为“世界北极熊之乡”。每年秋季，约有1 000只北极熊在此聚集，等待海水结冰，这是世界上数量最大、位置最靠南的北极熊群。北极熊的数量甚至超过了当地居民的数量。从20世纪80年代起，北极熊为当地大多数人提供了生活来源。人们会蜂拥至丘吉尔镇观看北极熊，北极熊也逐渐适应了这种一年一度的盛典，以至于雪地马车都可以在几英尺的范围内接近北极熊。但是，这一生态旅游的典范却正受到全球变暖的威胁，与30年前相比，哈得孙湾浮冰的破碎时间提早了3周，更短的海冰季使得北极熊捕猎海豹的时间更加短暂。随着海冰的消失，北极熊数量正变得越来越少，体形越来越瘦，也越来越富攻击性。

▼ 一只北极熊妈妈带领两只小熊穿越冰面寻找海豹。后代生存的概率取决于它们在由浮冰和开阔水道组成的迷宫中的导航能力，这一能力使它们能够寻找到最佳的狩猎场

Life at the Top
高海拔的生灵

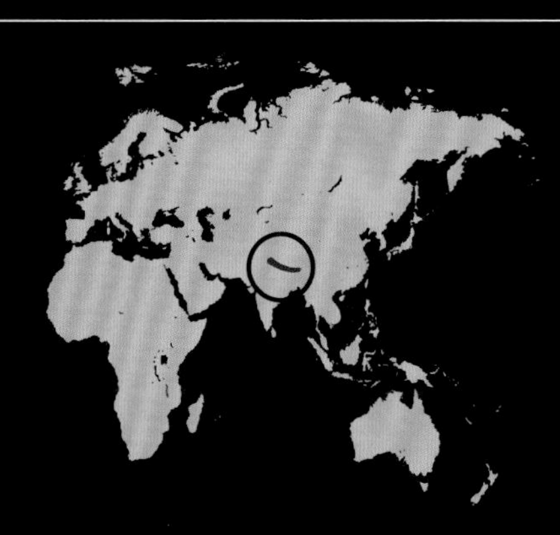

由于稀薄的空气、险恶的地形和稀疏的植被等条件的限制，喜马拉雅山对生物来说是生存的禁地，但是迁徙使得许多动物能够在这高寒的冰冻荒原上生存。

除了澳大利亚和南极洲，全球其他大陆都有食草动物会随季节变化而进行垂直方向的迁徙。牧民在冬季也驱赶畜群从夏季的高山牧场迁到较低的山谷活动，这是一种所谓“季节性迁移放牧”的古老的牲畜饲养方式。动物或人类往下移动数千米所获得的气候方面的优势，就如同向赤道方向前行数百千米一样。

喜马拉雅山区是进化上的热点地区，这里有许多因季风雨水不均而形成的小气候区，因此养育着众多高海拔哺乳动物，有羊类，如岩羊和盘羊、与山羊类似的捻角山羊和喜马拉雅塔尔羊，还有相貌奇特的羚牛（像是麝牛、角马和水牛的杂交种）和一些鹿类。这些哺乳动物中的大多数会根据雪被的变化做季节性的垂直迁徙，它们都有长长的浓密的体毛来抵御寒冷的气候。

濒危的雪豹是这些健壮的步履稳健的食草动物最主要的捕食者，全球仅存的5 000只雪豹稀疏地散布在中亚12个国家的偏远高原上。这种极少见的猫科动物会游荡很广的范围来跟踪猎物，夏季爬至海拔5 000米以上的地域，冬季则下降至海拔3 000米的桧树林和灌木丛中活动。

► 左图：雪豹的活动范围反映了它们最喜欢的食物——野羊和野山羊的季节性垂直移动。尽管食物很少，但它们平均每两周就会猎杀到一只大型动物

► 右图：羚牛在冬季会退至长满森林的峡谷和背风坡以躲避刺骨的寒风。它们会沿着熟悉的线路前行，这些线路勾勒着大地的轮廓

喜马拉雅的许多食草动物，如这些在尼泊尔拍到的塔尔羊，夏季会迁往高海拔地区去取食贫乏的植被

Dall Sheep
戴氏盘羊

▼ 让人印象深刻的是，戴氏盘羊能在陡峭的岩石间跳跃逃避天敌，并在夏季到达海拔最高的山地草原

戴氏盘羊活动范围

全部活动范围

迁徙档案	
学　　名	*Ovis dalli dalli*
迁徙路径	夏季时迁往更高的地域
迁徙距离	在海拔600米和2 000米之间的区域垂直移动
观察地点	加拿大育空地区的克卢恩国家公园和阿拉斯加楚加奇山
迁徙时间	10月至次年2月

典型的一年一度迁徙模式

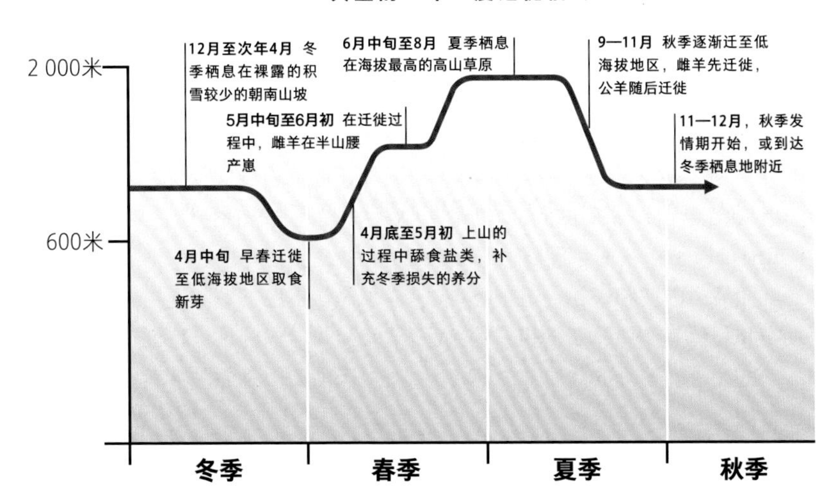

戴氏盘羊栖息在北美最险峻崎岖的地带，并随季节交替而变换栖息地，夏季在高山草原生活，冬季则下移至没有积雪的山坡。

盘羊以能够爬上近乎垂直的峭壁和发情公羊之间的暴力争斗而闻名，在人们的印象中是野性的象征。它们在北美的进化历史也非常引人关注。在11万年前开始的最后一次冰期中，巨大的冰川从北极冰原往南推移，把野羊困在两个大的无冰区域。阿拉斯加的一支逐渐进化出非常弯曲的细小尖角，即如今的白大角羊；落基山脉和美国西南部沙漠中的一支则长着更粗更钝的角，被称为加拿大盘羊。戴氏盘羊是白大角羊的一个亚种，毛色纯白，是为了纪念美国博物学家和探险家威廉·戴尔（1845—1927）而得名。它们栖息于北美最偏远的西北部山脉，包括阿拉斯加的山脉和穿过育空、西北地区和不列颠哥伦比亚省的山脉。那些4岁以上的性成熟的公羊是一道壮丽的风景，它们站立时肩高81～107厘米，秋季平均体重最高可达82千克，母羊的体重较轻，差不多是公羊体重的一半。

海拔间迁徙

世界上许多野羊，包括落基山脉的加拿大盘羊、欧洲和亚洲的山羊，以及戴氏盘羊都有海拔间迁徙的行为，即随着季节的变化在不同海拔间移动，而不是在不同水平位置间移动。这种巡回移动的一个明显好处在于与低地平原相比，高海拔草原的捕食者更少，使得这些敏捷的动物可以在相对安全的地方抚养后代，同时与之竞争食物的有蹄类动物也较少。但它们自然也要付出一定的代价：攀登陡峭的岩石对山羊的体形有严格的限制，而且高海拔地区的草地质量通常较差。

戴氏盘羊终年以小群生活在林木线以上。成年公羊会形成最多15只的小群，而母羊、亚成体和羊羔则结成更大的群体。每年11—12月的发情季节，公羊群和母羊群会会合，发情期结束后再分开。每个群体都有自己的迁徙模式，这取决于群体所在位置和当时的气候条件，但它们不管身在何处都遵循一个大致的迁徙方向。

4月底或5月的某天，戴氏盘羊会跟随春雪融化的步伐离开越冬地，往上迁徙到刚有莎草露出的山腰或莎草草甸。冬季怀孕的雌羊，在5月下半月或6月初选择峡谷或岩石下面等隐蔽场所产崽。每只雌羊会隔年产下一只羊羔，数日内雌羊和羊羔就会返回原来的群体里。

夏季戴氏盘羊通常会爬上阿拉斯加布鲁克斯岭海拔约2 000米的高山草原。初秋时，随着牧草的耗尽，盘羊会下迁至亚高山山坡和峡谷，饥饿驱使它们采食地衣、矮柳和苔藓等作为补充食物。最终随着冬雪的来临，它们会寻找朝阳的草原作为越冬场，尤其是那些裸露的山脉，被风吹走了积雪，露出下面的草地。

代代传递的活动范围

戴氏盘羊并不善于游荡，通常它们会在非常小的固定活动范围内度过一生。一个理想的戴氏盘羊活动范围包括开阔的采食地、悬崖（用于躲避捕食者）、隐蔽的峡谷、朝南的山坡，以及矿物舔食地（在春季，矿物舔食地对戴氏盘羊来说特别重要，可用于补充冬季的营养损失）。这些栖息地由一条条长期踩踏的道路网连接起来，并年复一年地使用。野外研究表明，年轻的公羊会跟随年老的大角公羊，年轻的雌羊同样会跟随有经验的携带羊羔的母羊迁徙。通过这种方式，重要的活动范围和迁徙路径的信息会代代传递。

戴氏盘羊与驯鹿（见54～56页）和驼鹿不同，似乎非常不愿扩散和开拓新的活动地盘，捕食者很早就利用它们的这一特性予以捕杀。陌生的峡谷和树木茂盛的山谷通常会有狼群埋伏而非常危险，因此靠近这些地方时，戴氏盘羊非常谨慎。

▼ 尽管积雪只在一年中的少数几个月份出现，但戴氏盘羊的毛色在全年都是纯白色，它们的浅色体毛可能与北美过去是冰封大陆有关

冰期的分离

白大角羊的另一个亚种石羊（*Ovis dalli stonei*）分布在戴氏盘羊分布区以南，包括育空地区南部和不列颠哥伦比亚省的北部区域，它们除了毛色几乎全黑外，其他方面则几乎和戴氏盘羊一样。这一截然不同的毛色分化是如何形成的呢？一种假说认为大约1万至2万年前，冰川作用把白大角羊分为两个隔离的种群，在大的冰川附近的雪峰上生活的种群逐渐发育出与环境一致的白色外皮，而另一种群则生活在海拔较低的树木茂密的山坡，逐渐长出深色的外皮，来协助它们隐藏。如今冰期已经结束很长时间了，这两个亚种也在栖息地接壤的地方自由杂交，产下具有混合色的羊羔，这些杂交羊羔通常身体呈灰色，头部和臀部呈白色。

Bison
美洲野牛

美洲野牛通过吃草和不停地寻找新鲜草地来协助大草原维持原貌。但由于对野牛的随意屠杀，对野牛迁徙活动的研究尚未开始就已经结束了。如今多数美洲野牛都是家养的，已经失去了像它们祖先那样对迁徙的迫切需要。

迁徙档案	
学　名	*Bison bison*
迁徙路径	历史上大规模的迁徙会穿越美洲大草原
迁徙距离	每年最长可达320千米（目前已知）
观察地点	美国怀俄明州黄石国家公园
迁徙时间	7—8月

野牛有厚而蓬松的毛来抵御严寒，它们能扒开积雪采食下面的牧草。但当积雪很厚时，它们必须艰难跋涉到峡谷躲避，否则就会面临饥饿的威胁

铁路带来的毁灭

19世纪的猎杀使美洲野牛在30年内几乎灭绝。19世纪五六十年代，专业的捕猎者曾经一次屠杀了数以千计的美洲野牛，把它们作为食物供应给那些建造首条穿越北美大陆的铁路工人们。1869年铁路建成后，美洲野牛加工业有了更便利的交通运输条件，便利的交通也从东海岸带来了更多的捕猎者，加快了19世纪70年代的屠杀步伐。像“野牛比尔”科迪这样的猎杀者成了国家英雄。铁路运输业也极力主张屠杀美洲野牛，因为迁徙的美洲野牛群经常会堵塞铁路，并给机车造成危险。与此同时，大草原上大规模的养牛牧场也加剧了这场荒唐的屠杀。美洲野牛传统的迁徙路径上布满了畜栏和带刺的铁丝网，它们的食物也被家畜吃光。到19世纪80年代中叶，原本数千万的美洲野牛种群只剩下几百只。

◀ 曾经，人们通过猎杀美洲野牛来获取毛皮或舌头，或仅仅是为了取乐。它们无用的尸体则被随意丢弃在大草原上

▼ 如今只有少数几个保护区可以见到自由散布的美洲野牛，并且数量远不能和两百年前相比，但现在的景象仍旧令人兴奋。迁徙的野牛群毫无疑问是美洲荒野最具代表性的景象

在美国独立战争之前，美国中西部是美洲的“塞伦盖蒂”。辽阔的草原上布满了数量众多的成群的美洲野牛、叉角羚、鹿以及数以亿计的草原犬鼠。这些食草动物似乎有无数只，这简直就是平原地区的美洲原住民创世传说的再现，野牛像喷泉一样从地面的洞穴中涌出。据记载，19世纪初白人定居者遇到的一个美洲野牛群至少有400万只。

未解之谜

19世纪中叶对美洲野牛的商业性猎杀非常迅猛且极具破坏性。北美印第安人苏族一位名叫洪克帕帕（Hunkpapa）的酋长骑在野牛背上宣称：“当最后一只野牛倒下，一股冷风吹过大草原，对我们民族来说这就像是死亡之风。”这场大屠杀的规模之大使我们对美洲野牛这一物种鼎盛时期的自然历史知之甚少，它的迁徙地点、迁徙距离和迁徙的数量将永远成为未解之谜。

19世纪初，北美野牛种群数量可能有数百万只，主要分布在低草草原带（西部）和混合草原带（中部）。这些草原带的面积约为150万平方千米，西起落基山脉，往东延伸至萨斯喀彻温中部和俄克拉何马，往南到得克萨斯。在更遥远的过去，草原带涵盖现今的加拿大南部、美国和墨西哥北部的大部分地区，除去大陆的北部，美洲野牛几乎遍布整个北美大陆。夏季美洲野牛以超大群在开阔的平原上游荡，直到冬雪的降临迫使它们迁移扩散，在树木茂密的河谷或背风坡寻找遮蔽处。它们每年的迁徙距离可达数百千米。

科学家使用新的研究技术，分析那些死去的美洲野牛骨骼中的牙釉质和骨胶原，借以重现美洲野牛的迁徙。野牛采食时，会从食物中摄取某些元素（尤其是碳和氧），这些元素的含量在不同的气候条件下和不同地区有所差异。这些被称为同位素比率的生物化学指标，可以帮助研究者了解野牛的大致生活位置和生活年代，以及当时的气候特征，这一技术也可用于研究多个世纪的长期生态趋势。

驯化

美洲野牛和草原一样都不再有昔日辉煌。草原已经被转变为“粮仓”，只留下少数片段化的未被开发利用的天然草原。现存美洲野牛中97%的个体都是驯化圈养的，但仍有少量野生种群在驯化的同类海洋中以孤岛的形式存活于如美国黄石国家公园、风蚀洞穴国家公园和加拿大麋鹿岛国家公园等地方。那些饲养在大农场或私人保留地中的被驯服的动物被称为布夫塔特尔牛（bufftattle）或比法罗牛（beefalo），是杂交种。基因纯正的美洲野牛数量不到1.5万只，黄石国家公园种群是其中唯一真正自由放养的野生种群。

黄石国家公园最引人注目的美洲野牛大迁徙发生在冬季。冬雪会驱使大部分个体迁徙至低海拔的峡谷和森林越冬。美洲野牛每天迁徙的规模取决于积雪的厚度。在严酷的冬季，美洲野牛会穿过公园的北部和西部边界，沿着麦迪逊河和黄石河河谷地区，到达海拔更低的越冬地，它们在下山时通常会沿雪地车的痕迹前行。由于美洲野牛可能会传染布鲁氏杆菌病给家牛，容易引发美洲野牛和当地牧场主之间的冲突，虽然传染概率很低，但也引发了争论，有提案提出将保护区之外的野牛全部杀掉。在现代土地被不同的利益集团占有的情形下，野生美洲野牛的迁徙行为成了一个严重的政治问题。

保留荒野

现在，许多雄心勃勃的规划正计划将现有的国家公园和州立公园、保护地和自然保护区连接起来，建造一个巨大的美洲野牛保护区。1987年第一次提出讨论的“美洲野牛共有倡议”，设想把北美大平原中的围栏撤掉，以使美洲野牛的栖息地取代集约型养牛牧场，恢复美洲野牛的栖息地，这样就能使这些食草动物恢复至原本的种群水平。与此同时，还提出了黄石—育空计划（Y2Y），目的是保护落基山脉的一条总长约3 200千米的迁徙廊道。

Sea of Grass
草的海洋

▶ 自左至右：角马偏好低矮的草种；而汤氏瞪羚是其中最挑食的，它们更喜欢糖分含量高且多汁的嫩芽；斑马采食干纤维含量高的高草

▶ 下图：迁徙的角马会结成超大群，排成一列纵队以“之”字形逶迤前行，它们会穿越坦桑尼亚的塞伦盖蒂大草原，朝着地平线的方向行进

非洲的热带稀树草原上演着各种动物迁徙的画面，但从规模和场面来说，没有哪个能与塞伦盖蒂大草原食草动物的迁徙相比，无数食草动物会轰鸣着穿越炙热的塞伦盖蒂大草原，身后扬起阵阵沙尘，去寻找更新鲜的草原。

由于终年饱受高温及无休止的暴雨和干旱的影响，热带稀树草原形成了由开阔草地、灌木丛和森林组成的复杂复合景观。塞伦盖蒂–马萨伊马拉*地区处于维多利亚湖和东非大裂谷的绝壁之间，可能是整个非洲保护最好的生物群落区。这里不仅是大约400万年前人类开始直立行走的地方，同时也养育了非常多的迁徙食草动物，这些食草动物又为许多捕食动物和食腐动物——从狮子、鬣狗到秃鹫和蜣螂提供了食物。

塞伦盖蒂–马萨伊马拉生态系统有两个雨季：每年11—12月短暂的雨季会驱使迁徙者南迁；3—5月雨量更大，持续时间也更长。雨季结束的同时，也宣告着返回北部和西部的迁徙之旅的开始。数量最多的三种迁徙动物是角马、汤氏瞪羚和普通斑马。由于它们的迁徙是交错进行的，且是有选择地取食（一种被称为“取食演替”的现象），这使得三个物种得以共存。斑马最先开始迁徙，采食最高最硬最干的茎秆，把更软、更有营养的叶子和茎留给后面的角马。斑马和角马成堆的粪便又促进了汤氏瞪羚喜食的嫩芽的生长，最后迁徙的瞪羚会使用灵巧的嘴巴采食这些嫩芽。

其他包括非洲水牛、黑斑羚、格氏羚、麋羚和南非大羚羊在内的食草动物则终年生活在同一片区域，它们通常会待在森林中。这些物种的数量相对较少，而角马、汤氏瞪羚和普通斑马这三种动物正是通过迁徙才能维持如此巨大的种群。

塞伦盖蒂–马萨伊马拉地区的三大食草动物

物种	角马	汤氏瞪羚	普通斑马
体重**	165～290千克	20～30千克	220～320千克
典型食物	低矮的茎和营养价值中等的叶片	最高质量的嫩芽	最高最硬、质量较差的粗糙茎秆
典型群体大小	雌性和幼体群可达500只，与成年雄性群分开迁徙	雌性和幼体群可达150只，与成年雄性群分开迁徙	成年雄性和它的3～8只雌性及它们的幼体组成群体
迁徙群大小	数万只	数千只	数百只
种群数量***	150万～180万	35万～45万	20万～25万

* “马萨伊马拉”地区更通俗的说法为“马赛马拉”地区　** 成年雄性　*** 仅塞伦盖蒂–马萨伊马拉地区

Wildebeest
角马

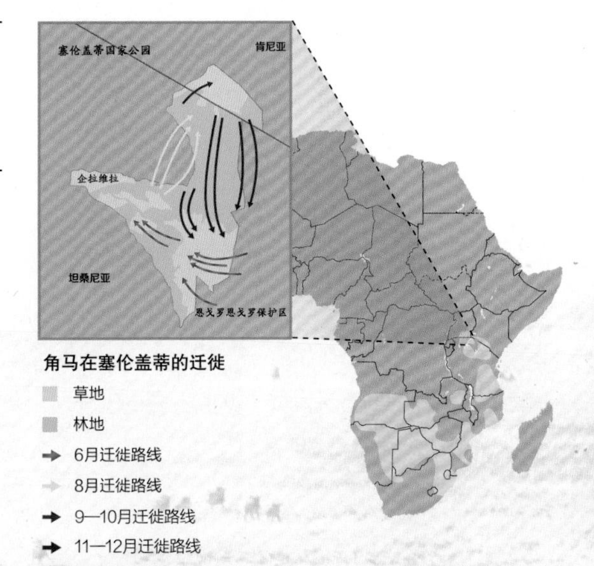

迁徙档案	
学　名	*Connochaetes taurinus*
迁徙路径	一年一度地在塞伦盖蒂–马萨伊马拉地区循环移动
迁徙距离	每年长达3 200千米
观察地点	肯尼亚马萨伊马拉国家级自然保护区
迁徙时间	7—9月

漫游在肯尼亚和坦桑尼亚大平原上的角马是一个有近200万只个体参与的食草动物大迁徙成员的一部分。这个庞大的迁徙群，通过它们的蹄子、牙齿和粪便滋养着草原，并影响着非洲整个热带稀树草原生态系统的外貌。

角马群偶尔会像这张航拍照片拍摄的一样在稀树草原上逃跑或疾驰，但迁徙通常都以缓慢的步行速度进行

塞伦盖蒂-马萨伊马拉保护区是一个从东非大裂谷中的肯尼亚和赞比亚边境线两侧向外延伸的保护区，从20世纪50年代初享誉全球开始，这一保护区就成了动物迁徙的代名词，它的名字便和壮观的斑纹角马的大规模移动联系在了一起，这些大型食草动物会跟随区域内受雨水滋润而成熟的牧草的季节性变化而迁徙。在塞伦盖蒂-马萨伊马拉2.4万平方千米的保护区内，约有150万～180万只角马在每年的特定季节以惊人的数量朝着地平线前进。和它们一起迁徙的还有多达35万只汤氏瞪羚、数量稍少的大羚羊和其他几种羚羊，以及20万只普通斑马。

和羚羊亚科的许多亲缘关系较近的物种相比，角马外表丑陋，像小型野牛，有着长长的脸、蓬松的鬃毛、毛发丛生的胸部，以及不停摆动的尾巴，这些都使它们看起来比实际体形更大。角马尽管外观较为矮胖，耐力却很好，迁徙效率也很高。由于一生中大部分时间都在移动，所以它们可以逃过多数捕食动物的追捕，捕食动物可能会对经过的角马群发动突然袭击，但不能一直追逐下去。换句话说，游荡是一种将非游荡的捕食动物对它们的伤害降到最低的有效办法。

追逐彩虹

千万年来，角马已经进化出了寻找丰富但不稳定食物的能力，丰富的食物使它们得以保持较高的种群密度，但不稳定的食物来源又要求它们不断移动。它们随着新草在不同地区的生长而在绿洲之间迁徙。它们似乎是追逐着孕育降水的天气系统而在热带稀树草原上移动。事实上，它们的旅程确实可能部分地受到大气压和空气湿度变化的驱动，食草动物对气压和湿度较为敏感，同时它们也会受远处乌云等视觉信号的指引。

塞伦盖蒂-马萨伊马拉地区的角马沿着近环形的路径迁徙，按照顺时针方向，每年的迁徙距离长达3 200千米。和其他动物的迁徙一样，每年角马的迁徙时间和距离都会有所差异，但都有两次主要的迁徙。每年6—9月，角马会往东北方向迁徙，主要的“推进”发生在7—8月；11—12月，它们会逐渐往东南方向迁徙，1—3月，它们会在塞伦盖蒂南部的传统产羔地，尤其是在恩戈罗恩戈罗自然保护区产羔。在产羔地角马会聚集成大群，在数周内种群密度就可达1 000只/平方千米。从小土丘上望过去，一眼就可能看到10万只角马。产羔结束后，角马会进入它们西部的迁徙路线。在3—6月，一年一度的发情期开始了，之后它们再往北迁徙。

角马迁徙的速度较慢，它们通常沿着模糊的路线，以许多长长的单条线路和较宽的队伍在大草原上蜿蜒前行。但通常让观光者感到失望的是，若没有飞机的帮助，迁徙的角马群难以被精确定位。在马拉河进入汛期时，角马不得不在少数几个渡口聚集成群，因为只有7个地方可以涉水过河，而且这些地方通常会有许多尼罗鳄在水中停留等待。但事实上，角马群因惊慌失措冲撞而死的数量远比被鳄鱼捕食的要多。

北部和南部

多数年份内，塞伦盖蒂-马萨伊马拉地区北部的降雨量约为南部地区的两倍，植被以高草和分散的林地为主，而不像南方是无树的低草草原。为何角马会放弃更加繁茂的北方呢？答案在于即便像北方这样繁茂的草原，角马群也会很快将各种资源消耗殆尽。另外，南迁之旅也是为了寻求蛋白质和矿质元素，尤其是磷，而磷在北方有树的草原的含量非常低，但在由火山喷发形成的南部草原中却较为丰富。雌性角马尤其需要这些营养物质来分泌乳汁哺育幼崽。

数量优势

塞伦盖蒂-马萨伊马拉地区的角马每年可以产下约50万只幼崽，其中至少有90%的幼崽是在1月底到3月中旬的两三周内出生的。小角马必须在出生后10分钟内站立起来，因为狮子和斑鬣狗就在角马群周围游荡，寻找容易捕获的对象。这些捕食动物能够捕获的猎物数量有限，但出生的小角马的数量会迅速超过捕食动物捕获的数量。角马集中产崽是由于繁殖期就仅仅集中在5月底或6月这一短暂时期，几十万只雌性角马会在短期内集中发情。究竟是何种因素驱使分布如此广泛的雌性角马在同一时间集中发情还不知其详，可能是由于雄性角马低沉洪亮的发情期叫声所致，这些雄性角马的叫声是地球上食草动物中声音最大的集体吼叫，这引发了雌性角马群同时发情。

一只雌性角马正在舔舐新出生的幼崽。一旦小角马开始第一次吃奶，这对母子就会加入离得最近的育幼角马群

African Elephant
非洲象

▼ 象群以紧密的家族为单位进行迁徙，孱弱的幼象处于象群的中间而受到保护

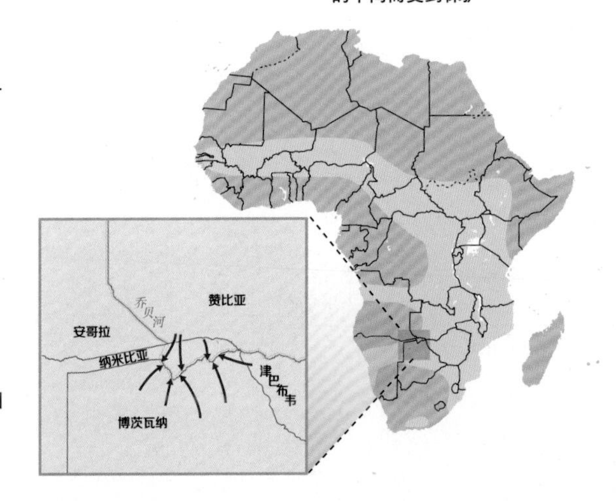

非洲稀树草原的象类分布范围

全部活动范围

➜ 在乔贝河流域的迁徙路线

迁徙档案	
学　名	*Loxodonta africana*
迁徙路径	季节性移动来寻找水源、矿物质和配偶
迁徙距离	每趟旅程都有数百千米
观察地点	博茨瓦纳乔贝国家公园
迁徙时间	8—10月

对非洲热带稀树草原上的大象来说，生命是一场漫长的迁徙，它们会跟随雨水的步伐穿过整个非洲大陆。关系紧密的家族群利用它们对这片土地的熟识，确定水源和必要的矿物质的位置，而单只雄象则受到睾酮的驱使寻找发情的配偶。

大象是少数几种从史前时期生存至今的大型陆生动物之一，其他物种还包括犀牛、野牛和水牛。它们是体重较重且食量较大的食草动物，一只成年雄性非洲象每天需要300千克食物，这相当于它自身体重的5%。其结果必然导致这些哺乳动物需要较大的活动范围，并且使它们发展出了一套具有高度迁徙性的生活方式。

在非洲热带稀树草原或灌木丛中生活的大象，其典型活动范围根据食物和水分的可获得性而有所差异。在植被繁茂且降水丰富的区域，一个大象家族可能只需15平方千米，但在如纳米布或卡拉哈里沙漠的干旱地区则需要多达2 000平方千米。非洲西部和中部的热带雨林地区同样可以见到大象，但我

▶ 在非洲南部和东部，随着人类占用的没有围栏的开阔土地越来越多，象群肆虐村庄和农场的现象也越来越多。如何在当地居民的需要和象群迁徙的矛盾之间取得平衡是个越来越严重的问题

们对在森林中生活的大象的行为和迁徙模式知之甚少，在此不做过多介绍（地图只显示在热带稀树草原生活的非洲象的活动区域）。

大象女王

在覆盖非洲东部和南部大部分地区的热带稀树草原，象群以雌象为首领，即以母系群的方式生活。一个象群通常由数头成年雌象、它们的小象以及两个世代的成年后代组成。每个家族的成员之间有着非常亲近且持久的亲情链，家族由最年长、最强壮的雌象统治，这只雌象就是家族中的“女王”。它的领导和多年的经验对整个象群的生存至关重要，事实上，它是家族中的“智者”，熟知水源、季节性食物供应、矿质元素丰富的区域和活动范围内的危险等信息。

热带稀树草原上的象，生活在水分条件不可预知的环境中。在长达6～7个月的旱季，少数可以利用的水源地吸引了远处的象群。当干旱进一步恶化时，象群通常会和其他口渴的食草动物如羚羊、斑马和非洲水牛结成大型的混合群。

每年4—10月，地球上最大的象群集会发生在博茨瓦纳北部蜿蜒的乔贝河沿岸。8月底，当这里大部分水坑都变干涸，正午温度高达40℃时，乔贝河地区的非洲象可达4.5万只。象群最远跋涉325千米到达河边，沿着从空中俯瞰都显而易见的熟悉大道穿过炙热的丛林。象群的“高速公路”也会被其他动物使用，这对热带稀树草原的生态系统来说非常有利，既可以翻土，又能够促进植物的生长。

矿物质和狂暴状态

除了对淡水和充足食物的需求外，其他因素也会驱使大象迁徙。其中首要的因素是食物中营养物质的缺乏。由于草和树叶通常缺乏矿质元素，象群必须在其他地方寻找特定的微量元素，尤其是铁、钠和磷。肯尼亚和乌干达边境地区的象群会迁徙到埃尔贡这座古老火山的山坡处，进入洞穴去舔食丰富的盐分。象群会世代利用同样的迁徙路径到达埃尔贡火山，因此知晓这些洞穴的位置和如何到达这里，这是世代相传的重要信息，会由母象传递给它的女儿。

由于成年雄象独居生活，它们必须周期性地寻找配偶。它们的旅程是由于生殖激素的急剧增加（其间睾酮水平可达平常值的50倍）而引起的。处于繁殖高峰状态的雄象会变得焦躁不安且好斗，在激素大量分泌的疯狂状态下，雄象会在一个月内游荡数百千米甚至更远，这一状态堪称狂暴状态。虽然这一迁徙行为像雌象发情一样，可以在一年中的任何时刻发生，但雄象通常在旱季开始时寻找配偶，在整个雨季安静下来。

远距离交流

处于狂暴状态的雄象可以通过感知超低频的叫声来准确判定雌象群的位置，这种超低频的叫声是一种次声波，象群利用这种次声波保持联系。这种有力的低鸣声可以传播的距离相当惊人，尤其在凉爽无风的空气中，这也是为何象群多数在清晨和黄昏发出叫声。声波也能通过地表传播，因此象群能通过脚部神经包裹的震动感受器（帕奇尼小体）感知这些信号。

越来越多的证据表明声音在象群迁徙中起着重要的作用，象群甚至可以感知250千米外的暴风雨，使得它们可以直接前往下雨的地方，这样就可以吃到新鲜的牧草了。

迁徙的障碍

在数千年的时间内，生活在热带稀树草原上的大象已经进化出迁徙的行为模式来适应干旱季节，但在过去的一百年间，它们的家园却发生了本质的变化。撒哈拉以南非洲的许多地方变成了一块块圈围起来的保留地、狩猎场和农场，象群想要自由迁徙变得越来越困难，它们越来越多地被限制在狭小的区域内。如果对偷猎者加以控制，它们的数量将会超过所在栖息地的环境承载量，过多的象会将树木连根拔起，践踏植被，毁坏林地。一个有效的解决办法是将象群的数量控制在可承受的范围内。这正是南非克鲁格国家公园从1966年到1994年采用的方法，克鲁格国家公园的最佳象群数量估计为7 000～7 500只。1994年底，国家公园的一些围栏被拆除，用以鼓励象群往外扩散来控制数量。另一个非损伤性的管理措施是把多余的象迁移至完全陌生的地区。

From Desert to Delta
从沙漠到河流三角洲

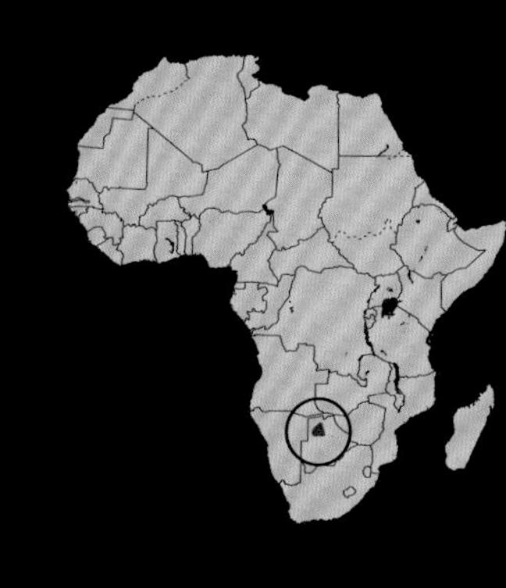

南部非洲肥沃的奥卡万戈河三角洲是一个远离炽热平原、盐沼和沙漠的世界（这些都围绕在三角洲的周围）。每年当洪水到来时，三角洲呈现翠绿色和宝石蓝色的湿地就成为众多野生动物的暂时庇护所。

每年4月和5月，奥卡万戈河三角洲就焕发出活力。此时，这个地处博茨瓦纳西北角的地域就变成了地球上最大的湿地之一。从远处的安哥拉山脉奔流而来的由暴雨形成的洪流冲向内陆而不是海洋，在其滋养下形成了奥卡万戈河三角洲。这条洪流携带了共计约100亿立方米的淤泥，顺着奥卡万戈河蜿蜒而下，对低洼水塘、沼泽和泛滥平原组成的迷宫进行补充，最终沼泽平原的面积可达1.5万平方千米，但由于气温很高，蒸发也很快，到9月份沼泽面积就开始缩减了。

洪水吸引了大量食草动物，尤其是大象、普通斑马、水牛、角马、麋羚和跳羚。它们中的多数来自卡拉哈里沙漠北部和马卡迪卡迪盐沼——这个大面积的盐碱地在9月至次年4月期间有水，而在其他时间会变得干旱且毫无生机。一旦进入三角洲地带，迁徙动物通常会沿着由当地的河马创造的旧有线路前行。一些迁徙动物会在三角洲地带度过卡拉哈里沙漠的整个旱季，而其他迁徙动物则会继续往北迁徙数百千米甚至更远，直到利尼扬蒂沼泽和乔贝河，然后再返回南部。

◀▶▼ 洪水使得无数植被集中生长，从而为从遥远的地方聚集而来的食草动物提供了充足的食物。迁徙的物种包括水牛和斑马，它们以较大的运动群体穿越碧绿的草地和沼泽，而捕食它们的动物如狮子等则紧随其后

▼ 这张从北部拍摄的卫星照片显示了博茨瓦纳这片干旱草原的景象，其中奥卡万戈河三角洲狭长的独特外形清晰可见

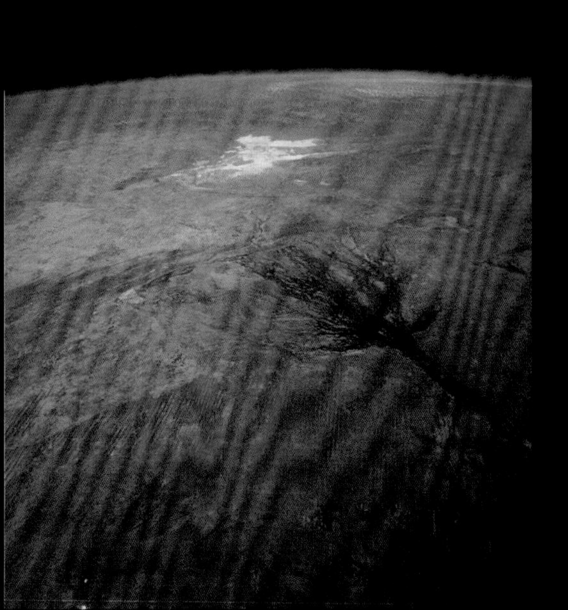

▲ 冬季洪水过后，象群正在穿过奥卡万戈河三角洲无数个水道中的一个。这些庞大的迁徙动物是熟练的游泳高手，它们使用象鼻作为通气管来越过较深的水塘

Mongolian Gazelle
黄羊

黄羊活动范围

■ 正常活动范围

100多万只黄羊在世界上现存最大的草地生态系统之一的东蒙古草原活动。这些蹦跳不安的动物极少会在某处长时间停留，它们每年会运动数千千米甚至更远，但我们对这些高度警觉的游荡者复杂的移动模式还没有完全了解。

迁徙档案	
学　名	*Procapra gutturosa*
迁徙路径	全年游荡移动
迁徙距离	每次移动长达数百千米
观察地点	蒙古东部的乔巴山地区
迁徙时间	6—7月

▶ 国际野生生物保护学会（WCS）的野外工作者正在给一只新生的黄羊称重

◀ 移动性较强的黄羊群在正午炙热时，会隐藏于闪耀的薄雾中，但在晨昏光线较弱时，则更容易被发现

有价值的发现

黄羊面临着捕杀、石油开采、与家畜的采食竞争以及迁徙道路上的人造障碍如围栏和输油管道等越来越多的威胁。为了保护黄羊，国际野生生物保护协会已经开展了一项关于黄羊生活史和生态需要的研究项目。研究者捕捉新生的黄羊，给它们称重，检查健康状况，并计算每个世代的性比。他们也会检查一些诸如口蹄疫的疾病，这种疾病可以在黄羊和家畜之间传播，造成黄羊和牧民之间的冲突。对这一区域进一步的调查已经为掌握黄羊的种群大小和结构提供了第一手的准确信息。

我们倾向于把数量庞大的食草动物同东非的热带稀树草原或欧洲殖民者到达之前的原始的美国中西部联系起来。与这些地区著名的野生动物奇观相比，蒙古东部草原大规模聚集的黄羊则几乎不为人所知。造成这一现象的原因很简单，蒙古草原的隔离以及严酷的亚北极气候（冬季严寒，夏季炎热，白天最高温度可达40℃），使黄羊的生活史研究极具挑战性。在约26万平方千米的草海中寻找这种警觉度高且移动能力很强的动物，就如同在干草堆中寻找铁针一样难。

未被驯服的野生世界

到过干草原的人都会对这片土地的贫瘠和荒凉印象深刻，除去一些树木、树篱和道路外，这片土地显得毫无生机，只是一片从各个方向往地平线延伸的起伏平原。但事实上，这是个生产力非常高的生态系统，它支撑着数量巨大的野生有蹄类动物的生存。1989年，蒙古东部、邻近的俄罗斯南部和中国东北部的黄羊种群的数量估计有200万只，蒙古西部种群的数量相对较少。

蒙古偏远的东部干草原是未曾受到破坏的广阔地域，不像美国大草原和其他许多温带草原那样被分割为许多片段。蒙古草原的天然植被以针茅和分散的小灌木为主，由于缺乏地表水，牛羊的养殖受到限制，这也意味着在此发展农耕生产是不可能的，因此这些草原植物才得以存活下来。

真正的游荡者

黄羊很好地适应了这一严酷的环境，它们能忍受长时间的干旱、寒冷的冬季和炎热的夏季。要做到上面这些，它们必须不断运动，不在一个地方久留。一项研究表明，即使在非迁徙高峰时段，它们每天也要移动至少19千米。它们的移动受到新鲜牧草和逃避较厚积雪的驱使，在某些区域，积雪直到4月才融化。其他驱动因素包括寻找必要的矿物质盐以及躲避捕食者和蚊虫叮咬等。

和多数羚羊一样，黄羊依靠较快的移动速度和群居生活（可以增加发现捕食者——主要是狼——的概率）来躲避危险。它们能够以65千米/小时的速度一次跑出14千米。典型的黄羊群体一般由20～30只个体组成，冬季可达100～120只。春季和夏初，这些群体会变得更大且流动性更强，不同的群体会融合和分化，有时松散的群体可达6 000～8 000只个体。科学家乔治·夏勒曾经描述过数千只黄羊如何偶然地在一个晚上形成超大群，清晨之后又分群的情景。

同步产崽

黄羊的发情期在11—12月。随着春季积雪融化，群体会往北穿过大草原到达夏季的采食区域，每天最多移动300千米，并游过途中的河流。在6月底，到达传统的产崽区域后，怀孕的雌黄羊会聚集到一起产崽。

黄羊如何定位到达产崽区域尚未破解，我们能知道的是在很短的时间内这些地区就会成为亚洲最大的大型哺乳动物聚居地。雄黄羊在产崽区域的边缘聚集，雌黄羊则会结成单性群。每只雌黄羊产1～2只羊羔，2/3的雌黄羊会在一周内集中产崽，此时草原上会遍布黄羊的小羊羔。这些羊羔一周大时，就能跟随母亲做短途的采食之旅，数周后，这些黄羊将结束在产崽地的短暂逗留，而恢复游荡的生活。

同步繁殖是一种应对捕食的适应习性，这种情况在黄羊和其他生活在平原的动物，如驯鹿、角马和雪雁（见54～56页、70～73页和170～172页）中普遍存在。通过瞬时产下大量的幼崽，使得幼崽的数量远超过捕食者所能捕食的数量，从而使后代中的多数个体能够存活下来。

▼ 和黄羊共享草原的还有游牧民，他们骑马迁徙，在蒙古包中宿营，他们的家畜越来越多地和野生食草动物竞争食物和宝贵的水资源

Norway Lemming
欧旅鼠

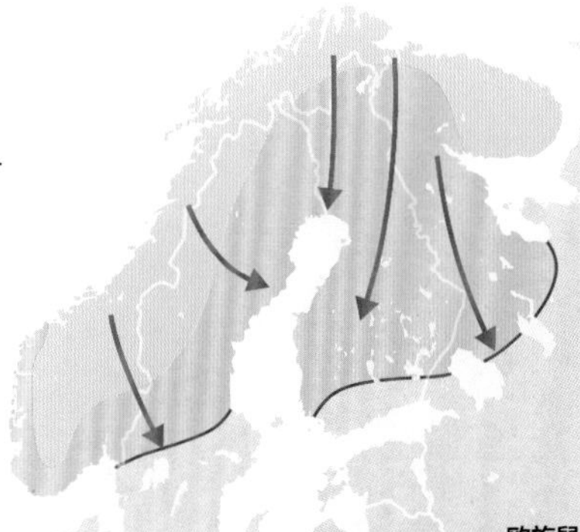

欧旅鼠（或简称旅鼠）是具有超强的繁殖能力的动物，它们的数量会在某些年份中猛增。大群饥饿的欧旅鼠会从斯堪的纳维亚山蜂拥而出，穿过低地疯狂地寻找食物，相互争斗并毁坏庄稼。

迁徙档案	
学　名	*Lemmus lemmus*
迁徙路径	种群大爆发促使旅鼠迁徙
迁徙距离	最长可达160千米
观察地点	斯堪的纳维亚北部的高山森林和沼泽
迁徙时间	5—8月（迁徙是不规律的，在秋季发生）

啮齿动物约占全球哺乳动物总数的40%以上，但它们中极少数能称得上真正的迁徙者——较小的体形限制了它们进行规律性的远距离迁徙，多数物种选择在固定的栖息地度过一生。欧旅鼠毫无疑问是最著名的啮齿类迁徙者。它们偶尔的种群大爆发和之后入侵到邻近地区的行为，数百年来一直困扰

旅鼠是适应环境的游泳高手。在种群大爆发时，由于密度太高，这些极度饥饿的旅鼠会孤注一掷，跨越湖泊、河流甚至海湾，去寻找食物

旅鼠的传说

◀ 在入侵年份，旅鼠群会出现在城区，与公园和花园很不协调。它们中的许多个体会在道路上被撞死而结束迁徙

许多民间传说都源自“旅鼠周期”，有些甚至可以追溯至中世纪。最早的有记录的传说，是16世纪中叶描述旅鼠如何集结成云团，像雨一样降落到地面的故事。牧师会记录旅鼠迁徙，因为这种现象被认为是战争即将爆发的预兆。伊努伊特人世代传递着大量关于旅鼠的传说，包括它们在暴风雪中出现，或是来自外太空的生物等。早期动物学家认为旅鼠游向海洋是为了寻找古老的家园，就像啮齿类动物寻找亚特兰蒂斯一样。但是最广为流传的一种说法是旅鼠群奔向悬崖跳入大海是一种自杀行为。尽管对旅鼠的这种奇异行为已经有许多严肃的尝试性解释，认为这些疯狂的举动可能是旅鼠在食物被吃光后因为食用有毒食物而产生的，但1958年迪士尼纪录片《白色荒野》仍旧使用捕获的旅鼠来营造大规模自杀的假象，这部影片也因此而臭名昭著。

▶ 当旅鼠的数量激增时，以它们为食物的捕食动物（如图中的这只北极狐）的捕猎将变得非常容易，捕食动物的家庭规模也会由于食物的突然增加而扩大

着人类，弄清楚这些现象背后的驱动因素是个很有难度的科学问题。直到现在相关研究也没有对这个“旅鼠周期”的旅鼠数量年复一年的显著波动现象得出明确的解释。

旅鼠属的五个种都具有周期性波动的种群特性，且都生活在北极地区。在正常年份，欧旅鼠只生活在挪威、瑞典和芬兰的北部以及俄罗斯的西北角。欧旅鼠和它们的近亲一样，有浓密柔软的毛和满是长毛的爪子来抵御寒冷，其他旅鼠都在开阔的苔原地带生活，而欧旅鼠则偏好高原地区潮湿的桦树林和柳树林。

高效的繁殖

欧旅鼠不愧为专业的挖洞者，会挖掘一系列地道作为夏季家园，并夜以继日（北极地区此时正是极昼）地在地面上收割翠绿的牧草、莎草和其他植物；冬季又会抛弃拥挤的家园，迁移至高山上积雪覆盖的泥炭沼泽地带，并在积雪下清理出跑道。旅鼠在这些冰冻的通道中很安全，因此它们并不冬眠，而是整个冬季都很活跃，靠啃食植物的根部和苔藓为生。令人惊叹的是雌性欧旅鼠在整个冬季都可以繁殖。

雌性欧旅鼠的数量要多于雄性，并且具有超常的繁殖潜力。在春夏季食物丰富时，每只雌性欧旅鼠每次最多能产下12只幼崽，怀孕周期只有16～20天，两次怀孕的间隔在一个月左右。它们的雌性后代在2～3周大时，就开始参与繁殖。因此，一旦条件允许，旅鼠的种群数量会激增，有时秋季的数量

可以达到春季数量的200倍。当这种情况发生时，旅鼠的种群数量会变得极多，以至于登山者在赶走它们之前，都很难找到地方落脚。

种群规模不可能无节制地以这种速度增长，因此每3～5年，旅鼠由于饥饿和空间的限制，数量会突然下降。这种循环会不断重复，并每隔30～35年会有个种群数量的高峰，这时逐渐形成的过度拥挤会驱使旅鼠做大规模的迁徙。那时，一群群旅鼠会以16千米/天的速度穿越乡村。

迁出

迁徙的旅鼠群不朝特定的方向移动，它们受极度饥饿的驱使，会随机向外扩散，穿越河流、湖泊和道路等各种障碍，通常伴随着很高的死亡率。例如在1970年的旅鼠迁徙中，有2万只旅鼠挤在一条195千米长的道路上。最大的聚集出现在那些特定的地形条件下，在这里旅鼠被迫聚集在狭窄的地域中，这些旅鼠会由于紧张而变得富有攻击性，并且不再惧怕人类。有时这些动物会跳下悬崖或试图游向大海。

科学家把这些壮观的现象归类为“迁出”——一种没有返回意图的迁徙，和人类的移民相似。除旅鼠外，北半球的某些其他啮齿类动物也有“迁出”行为，例如斯堪的纳维亚的黑田鼠、日本的棕背鼯和阿拉斯加的草原田鼠。从长远来说，这种极端行为会促使这些物种通过占领新的领域而扩大分布范围，至少在理论上会造成这样的结果，它们可能会适应气候的逐渐变化。

Emperor Penguin
帝企鹅

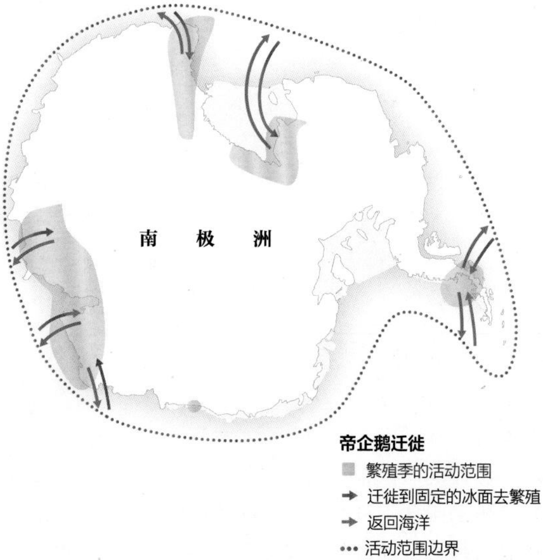

南 极 洲

帝企鹅迁徙

- 繁殖季的活动范围
- 迁徙到固定的冰面去繁殖
- 返回海洋
- 活动范围边界

帝企鹅在南极冰面上往返繁殖地与海洋之间的艰难旅程已成为这个白色大陆上艰险的生命本质的象征。企鹅父母会勇敢地面对可能是地球上最严酷的天气考验，轮流长途跋涉穿过冰冻的大陆，回到等待它们归来的企鹅宝宝身边。

迁徙档案	
学　名	*Aptenodytes forsteri*
迁徙路径	繁殖地和海洋之间的来回移动
迁徙距离	每次旅程最远可达200千米
观察地点	威德尔海，斯诺希尔岛
迁徙时间	11—12月

经常光顾南大洋浮冰区域的大多数动物都是远距离的迁徙者，包括座头鲸和北极燕鸥（见106～108页和205～207页），它们仅在夏季的少数几个月份在南大洋停留，之后就会返回北方。极少有物种会常年在这里生活。毫无疑问，帝企鹅是最著名的

帝企鹅父母必须穿越海岸的冰面为企鹅宝宝寻找食物。它们适应了水下游泳，在陆地上只能笨拙地行走，因此通常会依靠腹部滑行来节省能量

南极定居者，它们的栖息地环绕南极大陆一周。帝企鹅极少到外围的温暖水域活动，其生命周期由季节性的潮涨潮落和浮冰移动所决定。

冰的世界

每年1—3月是南半球的夏末，帝企鹅会栖息在南极洲海岸和外围岛屿的寒冷但营养丰富的海水中。它们会捕食磷虾、鱼和乌贼，跟随猎物到达海洋中最高产的区域。当3月份海水开始结冰，繁殖期的企鹅（4岁以上的）会往南迁徙，聚集在近岸地区，等待冰面厚到足以支撑它们的体重，这是它们出发并开始在南极大陆长途跋涉的信号。

帝企鹅很少真正踏上干旱的陆地，它们大多在固定冰（固定在海岸上的浮冰）上移动。已知的40个帝企鹅的繁殖地几乎全部都属于固定冰。这些冰面在12月底之前必须是固定的，以保证帝企鹅可以成功繁殖。如果冰面太薄，过早破裂，新生的企鹅宝宝就可能与父母隔绝或者死亡。这意味着帝企鹅的迁徙距离并不固定，在冰面厚且结实的区域，它们的繁殖地距离开阔海域只有若干千米，但在冰面不太稳定的区域，它们的繁殖地和冰块边缘之间的距离可达200千米。

远距离迁徙

每年3—4月，帝企鹅会蹒跚着迁往繁殖地，像蚂蚁一样列成长线在广袤的冰面上蜿蜒前行。它们显然不能依靠视觉路标来定位，因为冰面是不断移动的。一种理论认为它们用水面在云层上的反射，即“水天空”来定位，但这一理论只能解释它们如何定位前往海洋，而不能解释远离海洋。

一旦到达繁殖区域，帝企鹅会迅速结成繁殖对，在吵闹的求偶展示后，雌企鹅通常会在5月或6月初产下一枚卵，之后迅速返回海洋觅食，留下日益饥饿的雄企鹅在南极冬季的无尽黑夜中孵卵。在长达9周的孵卵期，雄企鹅会挤在一起取暖，尽可能选择冰架的背风区域，并忍受着呼啸的寒风和零下60℃的低温。它们几乎拥有整个南极大陆，因为除了海豹和人类外，南极大陆并无其他脊椎动物越冬。

完美计时

每年7月，雌企鹅会返回繁殖地，经过数周大量的取食，将自己养得很肥。它们到达繁殖地的时间刚好和小企鹅孵化的时间吻合。即使它们晚一周到达也无大碍，因为雄企鹅尽管已处于极度饥饿的状态，但也能从食道中分泌一种乳状液体，来挽救小企鹅的生命。

据推测，每只雌企鹅可以通过雄企鹅独特的叫声，在拥挤的雄性群中找到自己的配偶，在寒暄之后，她会喂给小企鹅第一餐：一种从她的嗉囊（喉部的食物储存处）中反刍出的蛋白质浆状物。雄企鹅终于得以从当前任务中脱身，便急匆匆地冲到海洋中捕食。这可以说是帝企鹅给人印象最为深刻的迁徙壮举了，在这一过程中，一只正常大小的雄企鹅会在13～16周内不进食，它们的体重会减轻40%～45%。

接下来的6周内，企鹅父母轮流回到海洋中进食，并在嗉囊中存满食物，带回来给小企鹅喂食，直到小企鹅长到一定大小后，它们才被独自留在繁殖地，而企鹅父母则一起返回海洋捕鱼。随着冰面的融化，采食之旅逐渐缩短，给小企鹅喂食的间隔也随之缩短。平均而言，一只小帝企鹅在12月或1月初亲自参与返回海洋的迁徙之前，要被喂食约12次。帝企鹅的整个繁殖周期都被精确安排过，5个月的小企鹅在夏季食物较为丰富时进入大海，从而保证它们达到最高的存活率。

气候变化的威胁

帝企鹅依靠它们输送食物和长时间禁食的能力繁衍生息，但这种处于很好平衡状态的迁徙在气候变暖的影响下却越来越危险。20世纪90年代，法国生物学家对地质学角这一繁殖地的企鹅种群40年的数据分析表明，在海水温度更高、冰块更少的年份，这些企鹅会迁徙更远的距离前往繁殖地，同时它们的食物——磷虾也会更少，这造成了帝企鹅更高的死亡率和更低的出生率。在20世纪70年代末期的一个较长的温暖时期，地质学角繁殖点的冰面缩小了50%。

▼ 一只孤独的成年企鹅在照顾一群半成年的小企鹅，栖息地的其他成年企鹅都到远方捕鱼了，这些小企鹅会挤在一起取暖，并且大部分时间都低头以躲避呼啸的寒风

Red-sided Garter Snake
红胁束带蛇

▼ 在春季一个温暖晴朗的日子里，红胁束带蛇会从地下的冬眠洞穴中蜂拥而出，并在数日内挤满岩石表面

红胁束带蛇活动范围

- 全部活动范围
- 纳西斯的蛇类洞穴

在每年春季的数周时间内，当红胁束带蛇从冬眠洞穴中一涌而出时，地球上最大的蛇类集群就出现在加拿大西北部的沼泽平原上，这些场景会在秋季红胁束带蛇返回洞穴冬眠时重现。

迁徙档案	
学　　名	*Thamnophis sirtalis parietalis*
迁徙路径	去往和离开冬眠洞穴
迁徙距离	单程最长可达20千米，或许更远
观察地点	加拿大马尼托巴省纳西斯野生动物管理区
迁徙时间	4月底至5月

红胁束带蛇在每年最冷的8个月内进入深度睡眠

状态，在短暂的夏季苏醒并疯狂地进食和繁殖。这种独特的停顿—开始循环模式是这些冷血动物适应加拿大中部极端气候的唯一方式。在这里，冬季气温可以降到零下40℃。从长期的麻木状态恢复至活动状态需要准确守时，这给红胁束带蛇的生理生化过程施加了非常大的压力，因为冬眠时蛇的代谢会减慢至只维持低水平的生命状态。

冰窖中的生命

红胁束带蛇是束带蛇的一个亚种，束带蛇在北美洲许多地方都很常见。在束带蛇的11个亚种中，红胁束带蛇是分布最靠北的亚种，它们的分布区可以从不列颠哥伦比亚省向北延伸，向东越过西北地区到达安大略省，分布区最北可以到达北纬60度。红胁束带蛇在美洲蛇类中分布最靠近北极圈。束带蛇可以喷射剧毒的毒液，但对人类来说并不危险。

尽管大规模冬眠并不是红胁束带蛇所特有的现象，但它们却能会聚成最壮观的集群。每年秋季，在加拿大马尼托巴省纳西斯野生动物管理区，有大约5万条蛇会钻入4个主要的越冬巢穴和数个小巢穴。红胁束带蛇如此大规模聚集由两个关键的环境因素共同决定：首先，纳西斯有许多理想的束带蛇栖息地（池塘和沼泽），而且有它们喜欢的充足的食物（蛙类），可以维持较大的蛇类种群数量；其次，这一区域有许多高质量的冬眠地（石灰岩上有很深的裂缝和洞穴），促使许多蛇类迁徙至此。

爬行动物学家设计了一个实验来探索红胁束带蛇的抗冻能力，结果发现，在秋季，它们甚至在40%体液结冰的情况下也能短暂存活。但冬季这些蛇类暴露在冰冷条件下10小时后就可能死亡，并且会丧失这种体液结冰下存活的能力——换句话说，它们对寒冷的耐受能力只是短期的应对不寻常的秋季早寒的一种功能，并不能保证它们可以借此度过整个冬季。这也是它们冬季必须钻到地下冻结线以下寻找躲避地的原因。一旦进入洞穴或冬眠场所，这些蛇类就可以安全地逐渐减慢代谢，并很快占据每一个固定且适合的岩石表面。

交配球

一般在4月中旬，当气温上升至25℃左右时，这些蛇又会变得活跃起来。雄蛇率先离开洞穴，在洞口挤成一团，等待雌蛇出现，并与之交配，在等待中蛇的体温会越来越高，也越来越有活力。雌蛇更长更粗，但雄蛇的数量要远大于雌蛇，因此雄蛇会相互打斗来争夺与雌蛇的交配权。在努力获取交配权的过程中，打斗的雄蛇会结成扭动的球体。根据天气状况，这个每年一次的求偶狂欢节会持续数日，或在3周内多次爆发。交配完成后，这些蛇扩散到周边地区寻找食物，而雌蛇则去产卵。每条雌蛇可以产出10～15条小蛇，小蛇会在广阔分散的洞穴或蚁丘中冬眠来度过第一个冬季，直到第二年再迁徙到传统的洞穴中。

家，甜蜜的家

我们对蛇类返回家园的机制知之甚少，但它们能够感知微量的化学物质痕迹——这一蛇类的主要感知能力一直被认为在迁徙中起着非常重要的作用。蛇类分叉的舌头不断地从周围地面或空气中获取味觉信息，并把这些信息传递给嘴部顶端的“犁鼻器”——异常敏感的味觉感受器。通过这种方式，蛇类建立了一套关于周围环境的详细的气味地图，其中也包括洞穴区域的独特气味。

蛇类也能利用热源信号来导航，俄勒冈州立大学的研究者正在研究束带蛇能否利用不同区域地球磁场的差异来导航。研究者对纳西斯的蛇洞中的一些红胁束带蛇进行标记并在一段时间后将它们重新捕获，结果表明，它们中的大多数个体每年都会返回同一片区域，尽管少数的蛇会在不同的洞穴间交替出现。但仍有许多问题待解：纳西斯地区蛇类的产卵地和夏季栖息地究竟在哪里？这些蛇前往和离开冬眠洞穴是否遵循同样的路线，还是简单地从各个方向扩散和返回冬眠洞穴？

► 束带蛇的吻部有精密的感受器，可用来分析气味，以帮助迁徙

▼ 加拿大的沼泽和芦苇丛生的池塘为红胁束带蛇提供了理想的捕食蛙类的栖息地

蛇类迁徙

束带蛇并不是唯一的迁徙蛇类，温带地区的许多其他蛇类也会聚集在公用的洞穴中躲避冬季的寒冷，这种方式与蝙蝠或昆虫成群冬眠的方式类似。北美蛇类中得州鼠蛇、草原响尾蛇、西部菱斑响尾蛇和牛蛇都有此种行为。有时不同的物种也会一起越冬，尤其在那些合适的冬眠场所较少且相距很远的地方。在斯堪的纳维亚半岛，蝰蛇也会聚集在冬季洞穴——这一应对措施使它们可以在北极圈内的开阔苔原地带生活，它们也因此成为地球上分布最靠北的蛇类。有关蛇类到达冬眠地的迁徙距离的数据很少，据推测从数百米到数千米不等。

Galapagos Land Iguana
加拉帕戈斯陆鬣蜥

被早期的船员误认为是“龙”的加拉帕戈斯陆鬣蜥是太平洋海域加拉帕戈斯群岛的特有动物。雌鬣蜥会爬到岛屿活火山的顶部，在炙热的火山灰中产卵，这可能是全球爬行动物中最不同寻常的迁徙方式。

迁徙档案	
学　名	*Conolophus subcristatus*
迁徙路径	雌鬣蜥爬上费尔南迪纳岛上的拉昆布雷火山顶端
迁徙距离	单程可达16千米
观察地点	东太平洋的加拉帕戈斯群岛
迁徙时间	6—7月

加拉帕戈斯陆鬣蜥具有粗壮的爪子、带刺的发冠和又重又皱的身体，这些外形特征使得它们像极了史前动物。它们长而锋利的爪子和硕大的体形——有些雄性陆鬣蜥可长达1.2米，重达12.5千克——进一步加深了这一印象，因此称之为“龙”可能一点都不勉强。现存的陆鬣蜥有两个亚种——

▶ 陆鬣蜥经常在火山岛上干旱高原的温热岩石上晒太阳。多刺的仙人掌几乎可以为成年陆鬣蜥提供所有的食物资源

◀ 爬上拉昆布雷火山顶峰的一只雌性陆鬣蜥立即开始挖洞，以孵化它的卵，它强壮有力的后腿和爪子使其能在松散的火山灰中迅速挖洞

巴灵顿陆鬣蜥只分布在加拉帕戈斯群岛的圣菲岛上，而加拉帕戈斯陆鬣蜥则生活在这个群岛西部和中部的6个岛屿上。

仙人掌的采食者

陆鬣蜥会避开岛屿中植被最好的区域，而偏好在最干旱和火山最活跃的区域的灌丛和熔岩原中活动。它们黄色、锈红色和粉色的皮肤和周围单一的灰色和黑色的月面一样的地面形成了鲜明的对比。这些地区鲜有植被生长，而成年鬣蜥主要靠摄取植物性食物为生。这些食物由南美食用仙人掌多汁的掌状茎、果实和花构成，这些食物同时也是陆鬣蜥所需水分的来源。由于缺少其他大型陆生哺乳动物，这些鬣蜥和岛屿上著名的巨型陆龟一起，成为加拉帕戈斯群岛主要的食草动物。

每年的5月基本上是加拉帕戈斯群岛西端的费尔南迪纳岛最热闹的季节，大群的陆鬣蜥会聚集在一起，进入繁殖期。雄鬣蜥通常在8～15岁时达到性成熟，完全性成熟的雄鬣蜥会各自占有特定的地盘，用以吸引雌陆鬣蜥。颜色最明亮、拥有最好地盘的雄陆鬣蜥会有最大的配偶群，但那些在竞争中处于劣势的雄陆鬣蜥有时也会通过在交配场边缘活动而获得偷偷摸摸交配的机会。

火山之旅

6月天气会骤然变化，一种被称为“浓湿雾”的湿气很重的雾会从海上汹涌而来。这可能是驱使怀孕的雌陆鬣蜥开始艰难迁徙之旅的信号之一，这些雌陆鬣蜥会穿过寸草不生的熔岩原，爬上岛屿中部海拔1 460米的拉昆布雷火山陡峭的山坡。它们会在凉爽多雾的天气中行走更远的路程，而在浓湿雾消失且气温上升的天气中停下休息。

雌陆鬣蜥最多可能花费10天时间拖动怀有卵的沉重身体到达火山口边缘。一些陆鬣蜥将在这里产

太阳朝圣者

陆鬣蜥的生活受太阳支配。在第一缕阳光出现时，陆鬣蜥从寒冷的洞穴中缓慢爬出，沐浴阳光。在阳光下进行腹部“日光浴”约半小时，当身体温度逐渐达到37℃这个临界温度时，它们开始采食。在正午高温时，它们会寻找仙人掌或岩石的阴凉处庇荫，正午高温过后则是陆鬣蜥活动的第二个高峰，它们会在下午晚些时候返回洞穴，在寒冷的夜晚尽可能地保存热量。

◀ 这只陆鬣蜥有大的重叠状鳞片作为其强大的盔甲。当兴奋时，陆鬣蜥的头部、顶冠和肋部的颜色会变得更加鲜亮

卵，并为争夺最佳产卵地而打斗，其他一些个体则沿着不稳定的碎石子坡爬下火山口，这一艰辛的旅程长约1千米。陆鬣蜥进行这一艰难迁徙的原因已非常清楚——到火山灰中产卵。这是因为火山喷气孔喷出的含有硫黄的温热蒸汽可以保证孵卵所需的温度和些许的湿度，集中加热的火山灰是绝佳的孵化器。

雌陆鬣蜥需要花费数天来挖洞，在其中产下约20枚卵后再把洞口封上。洞口的隐蔽性非常关键，因为合适的产卵地可能会被其他雌陆鬣蜥侵占，伤害其之前产下的卵。因此许多雌陆鬣蜥会守护巢穴数日以保护产下的卵。费尔南迪纳岛的繁殖季通常持续六周，其间会有数千只雌陆鬣蜥在一个月的时间内沿火山上下运动。在没有活火山的岛屿，陆鬣蜥的迁徙之旅会短很多，它们会寻找最近的潮湿沙滩产卵。

为火而生

陆鬣蜥卵的孵化期约为85～110天，小陆鬣蜥从洞穴中爬出大概需要一周的时间。虽然小陆鬣蜥行动迅速且有斑点状的保护色，但一旦爬出洞穴进入开阔环境，仍有许多小陆鬣蜥会被空中捕食者如加岛鵟捕食，或者被蛇伏击。

陆鬣蜥最初是如何到达加拉帕戈斯群岛这个离厄瓜多尔海岸有960千米远的地质上的新生岛屿的，一直是大家思索的问题。学术界公认的解释是它们起源于一种鬣蜥，这种鬣蜥从中美或南美出发进行了一次史诗般的单程旅行。数千年前，这些“落难者”或它们的卵可能随着漂流的原木或植物跨越大洋到达了加拉帕戈斯群岛。

European Common Toad
大蟾蜍

大蟾蜍分布范围

全部活动范围

大蟾蜍受盲目的本能驱使，在早春温和潮湿的夜晚爬向产卵的池塘。它们中的多数会在数日内爬向同一片池塘，像夜行军队一样大群迁徙。池塘水面很快就会被发情的蟾蜍占满，它们会相互竞争来获得配偶。

迁徙档案	
学　名	*Bufo bufo*
迁徙路径	去往和离开淡水繁殖场
迁徙距离	单程最长可达2.5千米
观察地点	欧洲的小溪和池塘
迁徙时间	2—4月

虽然成年大蟾蜍几乎大部分时间都在陆地生活，但它们用来呼吸的可渗透皮肤需要处于潮湿的状态，它们的卵和蝌蚪也需要在淡水环境中发育。这种自相矛盾的生存方式之所以成为可能，只是因为它们在凉爽的夜晚活动，而迁移到湿地繁殖——这也是全世界蛙类和蟾蜍类普遍采用的两种关键的行为策略。

蟾蜍的前肢是无蹼的，后肢半蹼，这使它们可以很好地适应陆地生活

大蟾蜍偏好的栖息地包括草地、灌丛、林地和花圃，在这些场所它们可以躲在石头或原木下的潮湿角落里度过白天。蟾蜍可以很好地适应陆地生活：它们的后肢是半蹼的，前肢无蹼，强有力的腿是挖洞和捕食蜘蛛、蚯蚓和蛞蝓的理想工具。它们是贪婪的捕食者，可以吞食下任何能够整个吞下的动物。但它们并不在水中采食，它们生活周期中的水生阶段非常短暂，并且只有一个目的：繁殖。

片段化的迁徙

在2—4月的某个傍晚过后，具体时间取决于纬度和天气，成群的蟾蜍会以在人类看来非常可笑的宽阔步法迁徙到繁殖地，这是数月之前开始的迁徙之旅的最后一个阶段。夏季它们在采食地四处扩散，并在8月或9月开始往产卵地的迁移。这是个循序的迂回运动，长度达数百米甚至一两千米。秋季的首次寒流宣告蟾蜍迁徙之旅的结束，促使它们在废弃的啮齿类洞穴或落叶堆中冬眠。

迁徙之旅会被逐渐升高的温度和一定程度的降雨重新启动。科学家推测在冬眠的后期，大蟾蜍的生物钟会转而对周围土壤温度的变化变得敏感。随着地面温度的升高，大蟾蜍会重新焕发活力，但需待连续几天傍晚空气温度都达到5～6℃，并且是下雨的夜晚才重新动身。在温和的冬季，迁徙会开始得非常早；相反，这一迁徙可能被延长的寒冷天气推迟。

道路上死亡的蟾蜍

许多大蟾蜍从未完成过春季迁徙之旅，因为它们在繁忙的道路上即被过早地杀死。在耀眼的车灯照耀下，这些动作迟缓的动物头晕眼花，不能及时逃避飞驰而来的汽车，成百上千的大蟾蜍就被压扁了。更为糟糕的是，大蟾蜍经常在早春的傍晚穿越数条道路到达繁殖池塘，这也正是交通繁忙的时段。每年仅在英国道路上死亡的大蟾蜍就有约20吨，在某些地方，过高的死亡率甚至可能会造成当地小繁殖种群的灭绝。为了减少这一死亡数量，一些志愿者会在迁徙的高峰期组织巡逻来协助这些大蟾蜍越过道路，并竖起临时警告标示提醒过往的司机。当大蟾蜍从繁殖地返回采食地时，并不需要这些措施，因为返回之旅通常以小群的形式在深夜进行，这时的道路会安静许多。

回家的本能

受繁殖冲动的驱使，大蟾蜍到达繁殖池塘或小溪的决心异常坚定，它们会穿越道路和铁路等障碍物，还会爬过墙壁。德国的一项研究表明，大蟾蜍每个夜晚的平均迁徙距离为50米，几乎都是沿直线前行。尽管我们已经知道它们有非常好的夜视能力，且有可能通过嗅觉辨识繁殖池塘，但对于我们来说，它们的导航系统仍然是个谜。

对大蟾蜍的标记重捕研究，包括威尔士兰德林多湖的一项长期研究表明，许多大蟾蜍都会返回曾经

利用过的同一片产卵地，但并非所有的大蟾蜍都是如此。有些蟾蜍转而选择其他池塘，或许是由于它们在迁徙途中偶然遇到新的繁殖地，或者由于原本的繁殖地处于较差的状态。但不论是何种情况，大蟾蜍都可以占领新的繁殖地，从而保证种群的延续。

疯狂交配

在大蟾蜍到达池塘后的数天内，夜空中会充斥雄蟾蜍发自腹部的求偶“呱呱”声。到处是兴奋的雄蟾蜍为了得到配偶而疯狂打斗的情景，它们以抱合的形式紧紧抱住雌蟾蜍。在4月底繁殖季节结束时，池塘中已没有了蟾蜍的身影，只留下附着在水生植物上的黏稠的凝胶状蟾蜍卵。

产卵后，蟾蜍返回采食地补充消耗殆尽的能量。它们并不像迁往繁殖地那样沿着迂回的路线迁徙，而会选择更直的路线，但似乎不那么坚决了。在奥地利的阿尔卑斯山区，科学家使用无线电追踪技术研究蟾蜍繁殖后的迁徙过程，发现有些蟾蜍会爬上65度倾斜的悬崖，寻找最佳的夏季采食区域，少数个体会爬到400米的高度，这是已知的两栖动物垂直迁徙的最大高度。与此同时，在繁殖池塘，蝌蚪在2～3个月后就发育出后腿。这些小蟾蜍会爬上陆地，扩散到周围的植被中。至少在两年后（雌蟾蜍需要更长时间），这些小蟾蜍才进行第一次繁殖迁徙。

对雄蟾蜍来说，春季对于交配的热切需求会耗尽全身精力，它会紧紧抓住心仪的伴侣以免被其他竞争者掳去

Red Crab
圣诞岛红蟹

圣诞岛红蟹活动范围

■ 正常活动范围

迁徙档案	
学　　名	*Gecarcoidea natalis*
迁徙路径	在内陆雨林和海岸之间迁移
迁徙距离	单程0.5～4千米
观察地点	印度洋圣诞岛
迁徙时间	11月至次年1月

圣诞岛雨季的第一场雨引发了数百万只圣诞岛红蟹的大迁徙，它们从热带雨林蜂拥而出，奔向海洋去产卵，这些深红色动物会在3个月球运行周期内来回奔波数次。

圣诞岛在印度尼西亚以南，是印度洋上的一个绿色斑点。岛屿满布翠绿的热带雨林，到处是各种各样的野生动物，但当地只有3种独特的陆生哺乳动物，而且其中两种已经灭绝。这里至少有13种陆栖蟹，这些甲壳类动物在岛屿的森林生态系统中起着非常重要的作用。

蟹类王国

红蟹是圣诞岛陆生动物中的优势种。它们像森林的园丁，通过挖洞来帮助土壤透气，粪便可以作为肥料给土壤施肥，并通过食用落叶和果实促进养分循环，靠采食种子和幼苗控制林下植被的扩散。

季风的到来使得许多红蟹群穿越圣诞岛到达海岸的繁殖地，它们会选择最快捷的道路，岛屿上的铁路等任何障碍都阻挡不了它们

▶ 下图：圣诞岛红蟹交配之前，会聚集在隐蔽的海湾，浸入海水中补充必需的盐分，之后每只雌蟹会产下约10万枚卵

从卵到成体

圣诞岛红蟹的卵在雌蟹壳下面的孵化囊中发育，孵化期为12～14天。一旦被释放进入海水中，每个极小的幼蟹都会经历像虾一样所谓“蚤状幼虫”的幼体阶段。这些幼体再历经数个阶段，在每个阶段随着生长而脱掉坚硬的外骨骼，直到3～4周后长到“大眼幼体”的最后发育阶段，并在开阔海域最终发育为成体。尽管它们的壳只有5毫米厚，小蟹仍然足够强壮来完成9天的返回雨林之旅。

20世纪80年代，圣诞岛上估计有1.3亿只红蟹，90年代中期红蟹数量缩减了25%，这是由于“黄疯蚁”的引入。

只有少数陆栖蟹进化出了在淡水中繁殖的能力，大多数陆栖蟹，包括圣诞岛红蟹都必须返回海洋产卵。红蟹开始迁徙的信号是印度洋季风，它通常在11月初到达圣诞岛。每年的洪水会瞬时让红蟹变得更加活跃，红蟹的行为和湿度紧密相关——它们在湿度超过70%时最为活跃。这时蟹类会离开狭小的栖息地，从森林台地往海岸迁徙，这一迁徙通常持续一周左右。

研究人员通过颜色标记和无线电追踪对圣诞岛红蟹个体的迁徙过程进行跟踪。研究发现红蟹通常在凉爽的早晨，尽可能沿着直线迁移。有记录的红蟹一天移动的最远距离是1 460米，通常情况下红蟹每天的迁移距离不足这一数字的一半，最长的迁徙之旅稍多于4千米。红蟹被认为通过视觉信号、内在电磁地图和天空偏振光识别三种途径相结合来导航。

月亮计时器

圣诞岛红蟹的产卵期受月球运行周期的控制，它们会在下弦月时的4～5个夜晚产卵。在这些夜晚，高潮和低潮之间的高度差达到最小，这对保证雌蟹安全到达海岸而不被大潮冲走非常关键。

科学家对1993年和1995年圣诞岛红蟹繁殖季的对比研究发现，两年的迁徙开始时间有3周的差异，但产卵时间因为跟随月球运行周期却是固定的。1993年，由于季风的延迟，红蟹启程稍晚，只能匆忙地赶到海岸；1995年，红蟹的迁徙之旅则颇为惬意，它们甚至还在旅途中停歇了一周来吃点东西。

许多以浮游生物为食物的动物会将它们12月份到达圣诞岛海岸外的时间调整到和下弦月相吻合，以便掠取随洋流漂浮的幼蟹。食物的暴增也吸引了鲸鲨（见132～135页）、蝠鲼和大型鱼群的到来。有些年份，只有极少数幼蟹可以活着返回海岸，但是偶然较好的繁殖季又会弥补这些损失。

蟹类之波

每年11月初雨季的到来会促使圣诞岛红蟹迁往海滩。它们主要分两拨到达，然后浸泡在海水中补充身体所需的矿物盐分和旅行过程中丧失的水分。雄蟹会寻找距离内陆较近的平坦海岸挖洞，相互争斗来占领最佳的领地。当更多的雌蟹蜂拥而至时，它们会在洞穴中或洞穴附近与雄蟹交配，交配后雄蟹会返回森林，而雌蟹则留在洞穴中哺育受精卵。

雌蟹仍需在洞中继续停留两周，等待受精卵全部成熟，然后在夜色中爬出来，在下弦月的高潮时将卵抛向海中。雌蟹会在较低的环绕岛屿的悬崖顶端聚集，它们震动身体，轻轻拍打卵的边缘，这些卵在落水时会破裂，数以万计的在显微镜下才可见的蟹类幼虫会把整个海面染成血红色，之后雌蟹会返回森林采食和恢复。

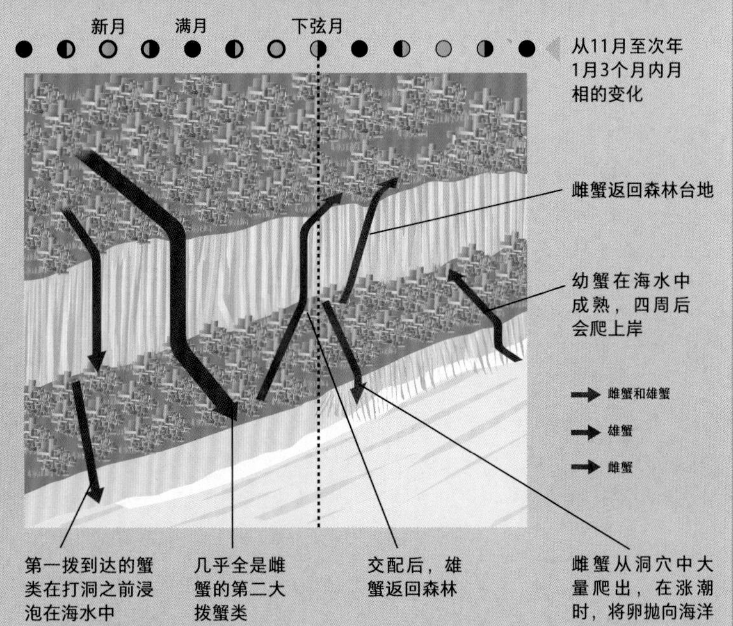

Migration in Water

水中迁徙

▲ 座头鲸可以依靠硕大的尾部有节奏地摆动，轻松实现远距离迁徙。在巡游状态下，它们每天游动约120千米

海洋和河流孕育着数量惊人的迁徙动物，几乎包括各种主要的动物类群，其中最小的是肉眼几乎不可见的类虾甲壳动物，最大的则是世界上现存最大的动物蓝鲸。许多水生迁徙者都具有出色的耐力和导航能力，海龟能够准确地找到数年前出生的海滩，鲨鱼则能够在数千千米外甚至更远的地方找到栖息的海底山脉或礁石。

Humpback Whale
座头鲸

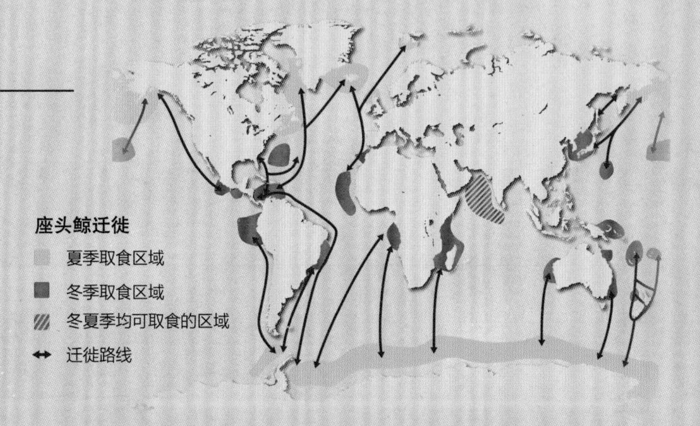

座头鲸是已知哺乳动物中迁徙距离最长的物种，它们从热带海域迁徙到食物丰富的极地海域，然后再返回热带海域。这些生物以壮观的跳跃表演、有趣的嬉戏和雄座头鲸异常复杂的求偶叫声而著称。

迁徙档案	
学　名	*Megaptera novaeangliae*
迁徙路径	从极地取食海域到亚热带或热带繁殖海域
迁徙距离	单程最长可达8 500千米
观察地点	多米尼加共和国锡尔弗浅滩，澳大利亚新南威尔士州拜伦湾，美国马萨诸塞州科德角
迁徙时间	1—2月（锡尔弗浅滩），5月底至7月（拜伦湾），7—9月（科德角）

▶ 数头座头鲸在夏季采食海域制造出大量的泡沫和浪花，把一群受惊吓的鱼裹在其中

◀ 座头鲸因为在水面下游动时会习惯性地弓起脊背而得名，却以吸引眼球的“全面冲击”而闻名

座头鲸是海洋中的特技演员，它们似乎相当享受用鳍一次次拍打水面，用背部翻滚或用尾部重重击打海面，激起巨大的水花——这种行为被称为“尾击浪”。毫无疑问，它们最惊人的运动方式是“全面冲击”，即冲向天空，并以背部入水。但事实上，座头鲸的这些观赏性很强的动作可能在其社交、取食和通信中起着更为重要的作用，其中最主要的一个功能是远距离传递信息。

大鲸鱼

座头鲸体长可达12～15米，身体的1/3被巨大的多瘤状头部所占据，上面通常有藤壶等小甲壳动物作为装饰。它们属于须鲸亚目，或者称之为“大鲸鱼”。这一亚目还包括蓝鲸和其他几个巨型海洋物种。和这一亚目的其他物种一样，座头鲸是为远距离迁徙而生的，它们的上颌有一列粗硬的鲸须，可以滤出海水中的食物。它们的喉部最多有36个深褶，在过滤取食时，这些深褶可以延伸成六角形；它们洞穴般的嘴一口气就能吞下2 000多升海水和食物。

对座头鲸来说，丰富的食物使极地的冰冷海域值得一去。在北极，营养丰富的上升流促使微小植物大爆发，从而支撑起了一个多产的生态系统，包括浮游动物、鱼类、乌贼和大型捕食者。座头鲸的食物在不同海域会有所不同。北半球生活的座头鲸捕杀小型群居鱼，如玉筋鱼、毛鳞鱼、鲭鱼和鲱鱼等，而南半球的座头鲸则偏好滤食丰富的浮游动物，尤其是磷虾类。座头鲸进化出了鲸类中特有的合作捕食方式——泡沫网捕食法：3～4头座头鲸合作，把鱼群或磷虾群赶成一个密集的群，再呼出泡沫包围这些惊慌的鱼群，阻住它们逃跑的路线。曾有记录观察到12头座头鲸合作，形成泡沫网来捕食，但这么大规模的情景非常罕见。

回归热带海域

当海水温度下降时，浮游动物都会到海底休眠，因此，盛宴是短暂的，在北冰洋、北太平洋和北大西洋发生在6—9月，而在南大洋则是从12月到

◀ 这头座头鲸的迁徙以悲剧结束。虽然营救者已经竭尽全力，但搁浅的鲸鱼通常在数小时内死亡，或者需要被施以安乐死来结束痛苦

搁浅

每年世界范围内都会有数千只鲸目动物（鲸鱼、海豚和鼠海豚）被冲上海岸，其中包括数十头座头鲸。由于无法返回海洋，多数搁浅的鲸类会因为暴露在空气中而死亡，为食腐动物提供了绝好的食物来源。搁浅是自然现象，通常是那些年老、生病或受伤的个体由于太虚弱而无法游泳，或是那些经验不足的亚成体，由于看错了海底轮廓或偏离了正常的迁徙线路所致。但是，有关搁浅的报道却在不断增加。这可能反映了由全球变暖或人为的水下噪声带来的海洋环境的变化，或者仅仅是由观察者观察范围的扩大造成的。

次年3月。座头鲸在填饱肚皮后，每头会增加约10吨的鲸脂，之后酒足饭饱的鲸鱼们会沿直线迁徙至温暖的低纬度海域交配和产崽。南北半球的座头鲸种群分别在不同的时间到达热带和亚热带海域，它们极少相遇，因此虽是同一个物种，基因型却有很大的差别。已知的座头鲸迁徙的最远距离是从南极海域到哥斯达黎加免受暴风雨袭击的加勒比海岸。

位于东加勒比海的多米尼加共和国北部的锡尔弗浅滩是世界上主要的座头鲸繁殖场和交配场之一，它在1986年被划为海洋保护区。每年在3个月的时间内约有7 000头座头鲸出没于这片海域，至少一半的北大西洋座头鲸是在锡尔弗浅滩出生的。其他重要的繁殖区包括夏威夷、中美洲的西海岸、靠近加蓬的西非中部海岸和澳大利亚东海岸。

缓慢的种群恢复

最先研究座头鲸季节性迁移的是19世纪的捕鲸者，他们很快就能掌握伏击鲸鱼的确切位置。座头鲸每年的迁徙都会沿用固定的路线，同时喜欢沿着海岸线移动，这使得捕捉它们非常容易。仅在1900—1940年，南半球就有超过10万头座头鲸被捕杀。如今全球范围内正在稳步恢复种群数量的座头鲸有3万头左右，大约是捕鲸前数量的1/5。

座头鲸以长距离的迁徙闻名，特定的取食和产崽海域非常固定，会年复一年到达同一片海域。由于鲸类个体很容易通过独特的尾片、鳍和腹部的白色标记来辨识，所以科学家得以了解它们这些迁徙活动。现在已经建成了一个包括数千头座头鲸照片的数据库，其中的许多个体来自北大西洋种群。

Southern Right Whale
南露脊鲸

▼ 一只南露脊鲸抬起它有力的尾鳍，展示它尾鳍中部特有的缺口，这是它与其他鲸类的不同之处

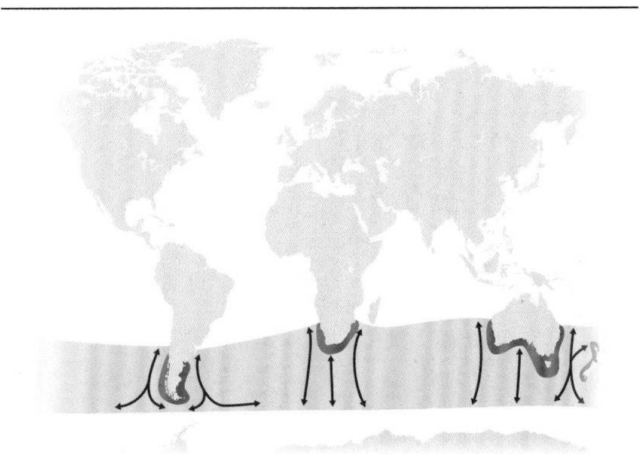

南露脊鲸迁徙

迁徙区域　冬季繁殖区域　➔ 迁徙路线

随着南极地区夏季浮游生物大爆发的消退，南露脊鲸会迁往北方温暖的海域交配和产崽。它们的迁徙全靠在冰冻的南大洋四个月的逗留期中蓄积的脂肪支撑，因为它们直到一年后返回南大洋时才会重新进食。

迁徙档案	
学　名	*Eubalaena australis*
迁徙路径	从南极取食区域到温带繁殖区域
迁徙距离	单程最长可达2 500千米
观察地点	阿根廷巴塔哥尼亚瓦尔德斯半岛；南非西开普省赫曼努湾
迁徙时间	7—10月

南露脊鲸是世界上极少数数量呈增长趋势的大型鲸类之一，2004年全球的数量约为3 000～4 000

雌性南露脊鲸会和幼鲸一起生活长达数年。研究表明，雌性南露脊鲸会鼓励幼鲸嬉戏游玩，以帮助幼鲸增加力量，练习游泳技巧

头，现在仍继续以每年5%的速度增长，但这仍然只占进行商业性捕鲸以前的数量的很小一部分。这一物种的俗名彰显着这样一个事实：它们由于移动缓慢，容易追踪，而且鲸油含量较高，因此在被鱼叉扎死后会浮上海面，因而很容易捕杀。在18世纪末到1935年国际禁止捕鲸法令颁布之间的这段时间里，南半球有数万只南露脊鲸被屠杀。

南露脊鲸通常会在水面附近缓慢移动，这是它们与其他须鲸不同的一个特征，另一个识别特征是它们习惯使用尾部和鳍击打水面，可能是以此来驱赶寄生动物或者向其他个体传递信号。它们独特的身体特征还包括具有较深缺口的尾鳍，以及头部斑块状的浅色皮肤。这种附着性的甲壳状赘生物即所谓“硬皮”，在每条鲸鱼身上各有不同。研究者可以借此识别个体，并逐渐勾画出它们的日迁徙和季节性迁徙的迁徙模式。

冷水的盛宴

12月份，南半球的夏季刚刚开始，此时南露脊鲸到达南大洋的觅食区域，它们由于太久没有进食，已经处于垂死的边缘。但食物丰富的南极海域使它们的体重能够在短期内几乎增加一倍。南露脊鲸拱形的下颚就像一张大铲斗，在巡游时它们只需半张下颚，就可以滤食浮游动物，尤其是磷虾和桡足动物（微小的甲壳动物）。从它们巨大的嘴部垂下的幕布一样的鲸须，会像陷阱一样捕获浅水中的食物。

每年3—4月，饱食之后的南露脊鲸就返回北方。它们会遵循传统的路线——可能是世代利用的路线，紧挨海岸线迁徙，以尽可能地缩短在大洋中的航行时间。因此我们很少能在远离海岸的地方见到这种鲸，也极少有可信的记录来自新西兰和南美洲太平洋沿岸之间的深海区域。南露脊鲸通常都是结成母子对或三四头个体一起迁徙。

尽心的母亲

对雌性南露脊鲸来说，繁殖过于消耗能量，因此它们的两次繁殖之间至少要间隔5年。南露脊鲸经过大约一年的孕期，产下一只约5米长、1吨重的幼鲸。雌性南露脊鲸的乳汁中含有高达40%的脂肪，因此尽管处于禁食期，它的乳汁仍能够保证小鲸鱼每天增重60千克。鲸鱼妈妈在小鲸鱼哺乳期的10～12个月内从不离开幼鲸，其后的数年内也会和幼鲸生活在一起。这种紧密的母亲—幼崽纽带也会被捕鲸者利用，捕鲸者在捕获幼鲸后，会在没有暴风雨的岸边等待雌鲸，雌鲸由于不愿抛弃新生的幼鲸，很容易成为捕猎的目标。

温暖的水上“幼儿园”

地球上有三个主要的南露脊鲸育幼海域：智利和阿根廷海岸、南部非洲海岸以及澳大利亚和新西兰海岸。这些相对温暖的海域虽然食物贫乏，却是南露脊鲸理想的育幼场所。雌性南露脊鲸会找到平静的海湾或者潟湖来哺育幼鲸。在浅水区的另一个好处是，大白鲨或逆戟鲸群对脆弱的幼鲸的威胁大大减少。最适宜的育幼区域，例如阿根廷瓦尔德斯半岛，以及南非开普半岛以东的几个海湾会会聚数十头甚至数百头鲸，为我们提供了非常好的观看鲸类的场所。每年的5—11月，这里可以看到伴着幼鲸游动的母鲸、为争夺配偶而打斗的雄鲸、不参与繁殖的雌鲸以及未成年的幼鲸（小于10岁的个体）等。

每年7—10月是鲸的交配期，具体交配时间取决于南露脊鲸所在的位置。南露脊鲸在解剖学上的一个奇怪特征是成年雄鲸的大脑重约4千克，而睾丸则重约1 000千克，这是动物界最大的生殖腺。性器官的维持需要大量的能量，因此像其他须鲸一样，雄性南露脊鲸通过缩减脑部容积来作为补偿。

濒危的南露脊鲸近缘物种

北半球生活着南露脊鲸的两个近缘物种，它们在外形和行为上几乎和南露脊鲸相同。正如预料，黑露脊鲸（*Eubalaena glacialis*）和北太平洋露脊鲸（*E. japonica*）的迁徙模式，跟南露脊鲸正好相反。西北大西洋的黑露脊鲸在加拿大东部和美国新英格兰附近食物丰富的海域，以及美国南部佐治亚州和佛罗里达州海岸的育幼海域之间迁徙。尽管我们已经知道白令海是个重要的采食区域，但北太平洋露脊鲸的迁徙模式几乎还不为人知。北半球的两种露脊鲸种群现在都处于极度濒危状态，大西洋的种群数量只有不到350头个体，而太平洋的种群少到屈指可数。

Grey Whale
灰鲸

迁徙档案	
学　名	*Eschrichtius robustus*
迁徙路径	从北极或亚北极的取食区域到温带或亚热带的繁殖区域
迁徙距离	单程最长可达8 000千米
观察地点	墨西哥下加利福尼亚圣伊格纳西奥潟湖
迁徙时间	1—3月

灰鲸，又叫东太平洋灰鲸，它们在北部取食区和处于墨西哥下加利福尼亚的温暖潟湖中的冬季育幼区之间的迁徙是地球上最伟大的迁徙之一。这些带有附生物的庞大动物紧挨海岸线迁徙，它们迁徙的速度很慢，但肯定会在数月后到达目的地。

灰鲸是须鲸亚目中体形中等、头部较钝的个体。平均体长约13～14米，几乎和座头鲸一样长，这两种鲸鱼也因此常被混淆。灰鲸的迁徙路径距离海岸只有数千米远，这是不同寻常的。它们是浅海生物，偏好在小于60米深的海域活动，在长距离迁徙中经常光顾悬崖和海角。白令海北部和临近的楚科奇海是它们的主要取食区域之一，在那里，大陆架开阔且水位很浅（在最后一个冰期，当海平面很低时，这里曾经是连接亚洲和北美的陆地桥）。

北极夏季的某些时候，这些冰冷的超高产海域

灰鲸容许船只和潜水者靠得非常近，这有助于科学家详细绘制灰鲸复杂的迁徙地图

中约有2 000头灰鲸。另有约2万头个体分散在北美洲的西海岸，主要是在阿拉斯加和不列颠哥伦比亚海岸，但越来越多的个体最北只愿意到达俄勒冈和加利福尼亚。对于一个受到捕猎影响，在1930年时整个东太平洋地区只剩下数百头个体的物种来说，这一健康的种群是种群恢复的一个非常好的例子。

西太平洋的灰鲸种群极度濒危，可能仅存100头个体，它们从日本和俄罗斯远东地区之间的鄂霍次克海的夏季栖息地迁徙到朝鲜半岛的传统繁殖海域。石油和天然气的开发仍在破坏它们的栖息地。

淤泥翻掘者

灰鲸是须鲸中唯一一个在海底取食的物种。它们在海底游动，像挖泥船一样翻起满口的淤泥，筛出潜藏其中的管虫和小的磷虾状的片足甲壳动物，它们翻过的海床像是犁过的耕地一样布满犁沟。事实上，灰鲸的采食行为确实很像农民耕种田地：它们通过翻动沉积物来协助海底营养元素循环，进而使海洋生态系统营养丰富。

灰鲸偶尔会使用坚硬的鲸须板细致地梳理海草丛，把附着在植物上的甲壳动物刮下来。它们还有

“鲸鱼英镑”

自然保护人士经常谈论说活鲸的价值要远远超过死鲸。世界上第一个有组织地观看灰鲸的旅行出现在20世纪50年代初的加利福尼亚，之后观鲸业逐渐发展，现在全球范围内的观鲸业产值已超过5亿英镑。世界上每年约有1 100万名游客在87个国家开展观鲸活动。

◀ 图中是前往下加利福尼亚州灰鲸育幼潟湖观赏的游客，每年到这里来生态旅游的游客达到10万人

几个更加传统的取食技巧——同其他须鲸类一样，在海面上巡游时，它们会张大嘴巴，从水中筛出小的螃蟹、磷虾和小鱼群。

在五六个月的大量取食季之后，灰鲸积攒了充足的鲸脂为后续月份做准备，其中包括极费能量的返程迁徙。它们不仅在返程的大部分时间内要禁食，而且在1—2月或3月在南方育幼海域的短暂停留期内也无法进食，因为那里食物很少或几乎没有合适的食物。

缓慢移动

根据夏季栖息地纬度的不同，灰鲸会在10月、11月或12月初往南迁徙，北极地区的种群最先动身。促使它们出发的因素包括海水温度的下降、海冰的凝固和昼长的缩短等。灰鲸在所有鲸类中移动速度最慢，时速仅有7～9.5千米，而且携带幼鲸的母鲸会更慢。另外，灰鲸会有规律地休息。因此鲸虱和附生物可以在灰鲸身体表面随意扩散，这也加剧了它长满疤痕的外表的斑驳程度。

海上观察和卫星跟踪的数据表明，灰鲸每天迁徙65～80千米。灰鲸直到最近都被认为是鲸类中迁徙距离最远的物种，但我们现在知道每年只有极少数个体能完成从北极到墨西哥的全部旅程，而大西洋的座头鲸每年的迁徙距离则更长。由于灰鲸严格地沿着海岸迁徙，它们可能利用水面上下的视觉信号，如海岸上的地标或水下地形的变化进行导航。可能会进行所谓的“单足侦察”，此时灰鲸会在水中直立头部，像潜望镜那样四处张望。

杀手鲸鱼

由于速度缓慢，迁徙的灰鲸容易受到逆戟鲸群的攻击。它们最佳的逃脱方法是躲进浓密的海草丛中，或者躲进靠近海底的岩石层中，但这两种方法都不能在诸如海底峡谷等深海中进行。20世纪80年代，科学家在北太平洋地区发现了一群约400头基因型独特的捕捉海洋哺乳动物的逆戟鲸，它们会在4月前往加利福尼亚海岸去截获往北迁徙的雌性灰鲸和幼鲸。

Walrus
海象

海象迁徙
- 太平洋种群
- 大西洋种群
- 拉普捷夫种群
- 往北迁徙路线
- 往南迁徙路线

每年夏季，随着北极浮冰的消融，海象会结成单性群，迁至富饶的北极海域，去寻找贻贝和蛤蚌。当秋季海面结冰后，这些胖胖的哺乳动物会返回南部的交配和越冬区域。

迁徙档案	
学　名	*Odobenus rosmarus*
迁徙路径	夏季迁往北部的觅食区域
迁徙距离	每年最长可达3 200千米
观察地点	美国阿拉斯加郎德岛；北冰洋斯匹次卑尔根群岛
迁徙时间	6—7月

海象是包括海豹和海狮的鳍足亚目中体重较大

海冰的涨退是引发海象迁徙的原因。但对海冰的依赖，使它们在全球变暖的情况下变得非常脆弱

◀ 海象嗅觉很好但视力很差，因此从下风向很容易接近它们

气候变暖的威胁

过去海象由于鲸脂、象牙般的尖牙和丰富的可提炼油的脂肪而被大量屠杀。它们现在也被北极原住民，如西伯利亚东北部的楚克奇人和阿拉斯加西部的尤皮克人捕杀，但是气候的变化已经取代捕杀成为这一物种面临的首要威胁。有预言指出，逐渐升高的海水温度会造成北极冰面的迅速缩减。带着幼崽的雌海象偏好在冰面而非岸边停留，因此海冰的减少正在影响幼崽的生存。另外，由破碎的海冰组成的海象夏季栖息地正从岸边的浅海区往北消退至深海区，这会使它们无法潜入海底，因为海象在10～50米深的海域中潜水效率最高。

▶ 海象每年会到固定的地点换毛，拥挤对海象群来说具有重要的社会功能，它们靠亲密的身体接触增加安全感

的物种，体形仅次于象海豹。海象成年个体的体重为1 250～1 700千克，雄海象体重约是雌海象的1.5倍，它们又厚又皱的臃肿身体和其他鳍脚类光滑的呈锥形的身体有很大的差别，于是这个据说源于古荷兰语“岸边巨兽”的称呼对海象来说就比较恰当。它们尽管在陆地上显得又胖又笨拙，却是极好的游泳健将，能够以35千米/小时以上的速度前进。它们在水下的姿态非常优美。幼海象会成群地在浅海区嬉戏玩耍。

海象最显著的特征是它们的尖牙——事实上是改进的犬齿。尖牙在雌雄海象中都有，这些匕首状的附属器官在过去很长一段时间都被认为是用来从淤泥中挖出它们最喜欢的食物——双壳类软体动物，但事实上却是作为群居等级的象征而在进行威胁时使用。通常年纪最大、群居地位最高的个体拥有最长的尖牙，而未成年个体则没有。尖牙也可以用来帮助攀上浮冰，或威吓北极熊（见57～59页），虽然北极熊只在极度饥饿的时候才会袭击这些强大的对手。

觅食周期

海象的分布区环绕北极地区，在太平洋、大西洋和西伯利亚的拉普捷夫海有三个互不联系的种群。这三个海象种群的迁徙模式各异，但多数都有短期和长期两种迁徙方式。它们一年中的大部分时间都在做短途迁徙，会花费4～5个月的时间在大陆架之间迁徙来寻找食物，之后会在海冰或海滩上闲逛1～2天。它们会不断重复这一觅食周期来尽力捕

获大量贝类。研究者发现海象在每次潜水的5～7分钟内，可吃掉50多只蚌类，相当于每天吃掉超过73千克的蚌。海象会在其他时间消化食物，并进行彼此间的交往。

海象更长时间的季节性迁徙受海冰涨落的影响。尽管海象能够在冰面下翻掘海底，寻找隐藏的贝类，而且能够撞碎贝类的呼吸孔，但仍偏好浮冰分散的海域，避开厚冰海域。对海象种群研究最多的是太平洋亚种，它们在白令海越冬，4月往北迁徙，穿过白令海峡。在迁徙中，它们最多可以结成50只个体的单性群。雌海象通常在每年5—6月的迁徙途中产崽，7—9月间在俄罗斯远东永久冰盖和阿拉斯加东北角之间的楚科奇海的夏季觅食海域活动，之后经过白令海峡向南迁徙。许多雄海象夏季会往更南的方向迁徙，冬季与雌海象和幼海象相会。两性分开迁徙的原因可能是为了减少海象在夏季补充脂肪这一关键阶段的竞争压力。

生命在于海滩

海象与多数海豹和海狮一样，并没有完全丧失陆地生活的能力，因为它们无法在海中产崽，所以必须返回岸上交配并蜕去死皮。这就迫使它们在每年的固定时间迁往特定的陆上栖息地。合适的陆上栖息地需要有坡度较小的海底、不受激浪打扰的海滩，以及陆地一侧有躲避陆地捕食者的悬崖。西半球最大的海象陆上栖息地是阿拉斯加布里斯托尔湾的郎德岛，夏初时会有2 000～10 000只海象像臃肿的日光浴者那样挤在一起。在温暖的阳光下，它们的血液会涌向厚厚的皮肤，使皮肤呈现浅红色，以帮助降温。

Magellanic Penguin
南美企鹅

南美企鹅迁徙

全部活动范围

冬季扩散方向

夏季迁往繁殖地方向

迁徙档案	
学　名	*Spheniscus magellanicus*
迁徙路径	繁殖之后往北扩散
迁徙距离	100～1 000千米
观察地点	阿根廷通博角；南大西洋的马尔维纳斯群岛（福克兰群岛）
迁徙时间	11月至次年1月

以葡萄牙探险家斐迪南·麦哲伦命名的南美企鹅（又叫麦哲伦企鹅），生活在南美洲遥远南端的冷水海域。直到现在，它们在海洋中的运动模式仍旧是个谜，但最新的研究表明，它们可能是不会飞行的鸟类中迁徙距离最远的物种。

南美企鹅是生活在南美大陆的四种企鹅中的一种，它们以胸前的两条黑色条带而与其他企鹅相区别。南美企鹅数量较多，估计全球约有180万对，分布在智利（80万对）、阿根廷（90万对）、阿根廷海岸以东南大西洋上的马尔维纳斯群岛（10万对）。北部分布区的种群是定居者，全年都在繁殖区域附近活动，而南部分布区的种群却是伟大的游荡者。

南部种群的南美企鹅会每年来回迁徙数百千米甚至更远，3—4月离开繁殖区域，并在8—9月返回。想象一下，在南半球漆黑漫长的冬夜，南美企

鹅在远离海岸的大洋中经受暴风雨的考验，并且反复多次完成这一旅程。更重要的是，南美企鹅不能像其他飞行的鸟类那样俯视海面，寻找地面标记物来导航，它们需要在毫无特征的茫茫海面上前行，这的确是了不起的成就。

富饶的海域

阿根廷通博角的南美企鹅分布区是南极洲以外最大的企鹅分布区。这个贫瘠的岩石滩布满了鹅卵石，与周围富饶的海域形成了鲜明的对比。宽阔的大陆架深入大西洋480千米，直到马尔维纳斯群岛，周围的浅海营养丰富，有大量的鱼类和乌贼。夏季时这一海域有非常多的野生动物。除了南美企鹅，通博角的海滩同样也是南美海狮、岛海狮和象海豹的栖息地。水下则生活着南露脊鲸（见109～111页）和逆戟鲸群。

南美企鹅是遵循固定习惯的生物：它们会结成一生的配偶，大多数固守同一片巢址。企鹅父母轮流孵化它们的两个蛋，孵化期约为40天。它们每天都为快速生长的小企鹅捕鱼。南美企鹅通常会和海豹、海狮及信天翁一起捕捉沙丁鱼这样的小鱼。这些惊慌的小鱼在受到来自空中和水下多方面的同时

阿根廷荒凉的东南海岸是南美企鹅的一个繁殖场，它们选择这里是因为这片浅海离陆地较近，这里是世界上鱼类资源最丰富的海域之一

袭击时，会更容易被捕获。

冬季扩大分布

繁殖季过后，南美企鹅会回到海洋。通博角的种群会沿着海岸往东北方向迁徙，到达乌拉圭和巴西南部的海域越冬。它们跟随福克兰寒流往北迁到拉普拉塔河口，在那里，福克兰寒流和向南流动的巴西暖流汇合，在这个寒流和暖流汇合的区域会有充足的食物。

马尔维纳斯群岛的南美企鹅先往西北迁至阿根廷海岸，之后和通博角的种群一样沿着海岸移动。在智利海岸繁殖的南美企鹅也会在繁殖过后往北迁徙，它们会随着从南美洲的西海岸流向厄瓜多尔以南的强大的秘鲁寒流北迁。

年轻的游荡者

成年南美企鹅的扩散模式和亚成体有很大的不同：成年企鹅会在繁殖区域停留数周并换羽，而亚成体则会在海岸集结成群，然后几乎立即出发，沿着海岸前往冬季觅食区域，并在那里换羽。亚成体迫切地想要迁徙，经常会到达距离繁殖区域很远的海域，甚至出现在世界的另一端——澳大利亚和新西兰的海岸边。

▼我们利用卫星信号传送器来了解企鹅在海洋中的分布情况

追踪企鹅

1998年3月，在马尔维纳斯群岛，科学家给10只企鹅身上安装了较轻的平台发射终端器以追踪它们繁殖后的迁徙行为。这10只企鹅中，迁徙距离最远的在75天内迁徙了2 661千米。如今，更加先进的电子标记可以提供诸如潜水深度、能量消耗和觅食行为等方面的数据。

Atlantic Ridley Turtle
肯氏龟

事实上，全世界所有的肯氏龟都会选择同一天在墨西哥的同一片海滩产卵。雌海龟从墨西哥湾的取食区域找到准确的产卵地点后会在海岸同时产卵，并在12个小时内撤离这一海滩。

迁徙档案	
学　名	*Lepidochelys kempii*
迁徙路径	往返于筑巢的海滩
迁徙距离	每年最长可达数千千米甚至更远（成年雌性）
观察地点	墨西哥塔毛利帕斯州新兰乔；美国得克萨斯州帕德雷岛国家海滨
迁徙时间	5—7月（通行受限）

肯氏龟是为了纪念一位名叫理查德·肯普的佛罗里达渔夫而命名，他在1880年首次将该物种拿去

海龟在水中的姿势有些像飞行，前肢有如翅膀拍打水面，产生了大部分向前的动力

做科学鉴定。肯氏龟有近乎圆形的灰绿色外壳，以及独特的像鹦鹉喙一样的嘴。它是世界上7种海龟中最濒危且体形最小的一种，仅有66～70厘米长。

肯氏龟与它的近缘物种一样，也具有很强的迁徙性，成年雌海龟会在觅食海域和传统的产卵海滩之间迁徙。但在许多重要方面和其他海龟颇有差异：肯氏龟的繁殖区域非常狭窄，仅分布在墨西哥湾西部很短的海岸带，而其他多数海龟是全球性的，在热带海域产卵；雌性肯氏龟通常在白天产卵，而不像其他海龟在夜间产卵；许多成年雄性肯氏龟丧失了迁徙的冲动，选择待在固定的海域而不再迁徙。

大规模筑巢

肯氏龟是脊椎动物中同步繁殖的最佳范例。几十只雌海龟同时从海洋中蜂拥而出，共同参与一个大规模的被称为“arribada”（西班牙语“到达”）的集体产卵活动。它们拍动桨状肢，爬过其他个体的龟壳，有时慌乱中还会扒开其他雌龟产下的卵。丽龟是唯一的除肯氏龟外也有“arribada”行为的海龟，但丽龟的活动范围遍及热带海域，它们的繁殖区域面积很大，很分散。而95%以上的肯氏龟聚集在墨西哥东北部塔毛利帕斯州的一小片区域，尤其是新兰乔一片20千米长的偏远海滩。其余近5%的个体在相邻的韦拉克鲁斯或得克萨斯州产卵，另外有极少数个体（通常少于10只）去往佛罗里达州产卵。

科学家通过1947年拍摄的一部关于肯氏龟聚集在新兰乔海滩的电影，发现当天有4万只雌性肯氏龟到达这片海滩，这一场景也成为地球上最为壮观的野生动物景观之一。如今这个数字正大大减少，因为这数十年间肯氏龟的数量持续下降。5—6月，雌海龟会登陆两到三次，每次在深坑中产下90～100枚卵，在傍晚早些时候重返海洋。海龟卵的孵化期为42～60天，具体天数取决于温度情况。之后的数个夜晚，会有数千只约3.8厘米长的小海龟孵出，争相爬向海洋开始它们的游荡生活。

幼龟的扩散

幼龟会拼命游至相对安全的深海海域，并在之后的2～3年内在那里随洋流飘动。和其他海龟的幼体一样，肯氏龟的幼龟经常和漂浮的马尾藻类海草纠缠在一起，这样它们既可以在海草中找到充足的小型食物，又可以将海草作为躲避捕食性鱼类的避难所。部分幼龟会继续待在墨西哥湾，而其他个体则会被强大的湾流带至西大西洋。幼龟长至亚成体时，就会返回近海的浅水区，如密西西比河和亚拉巴马河的入海口，在这里，它们从沙质、泥质或布满大叶藻的海床上以虾蟹和双壳类软体动物为食。雄海龟会在大陆架度过余生：一些个体会在墨西哥湾海岸和美国大西洋沿岸来回移动，寻找最佳的觅食地，最北可达新英格兰地区；其他多数个体可能固定地待在同一片海域。雌海龟通常在12岁时开始返回产卵地之旅，但在何地交配仍然不为人知。1 000个肯氏龟幼体中仅有一个个体能存活至成体并返回出生的海滩产卵。

对雌海龟来说，集中产卵必须有可靠的环境或物理触控因子。集中产卵的信号可能包括月运周期和潮汐、离岸风风向的季节性变化，以及雌海龟释放的信息素。但并非所有的成年雌海龟都参与产卵，多数雌海龟在再次交配前会休息一到两年。集中产卵的目的可能是通过在短时间内给偷卵者如蟹、海鸟和秃鹰提供充足的食物，而将偷卵者的影响降到最低。

▶ 在摄影师闪光灯的短暂照明下，一群新生的海龟宝宝正从海滩爬向大海

▼ 在新兰乔，数百个人造海龟巢穴由围栏围封，以防止发育中的海龟卵被捕食者和偷猎者捕获

从海边返回

1966年就已颁布了禁止采集肯氏龟卵的禁令，但即便如此，到20世纪70年代末时，每季海龟巢的总数已经下降到空前的700个，仅有数百只尚存的雌海龟产下龟卵。从1978年起，墨西哥和美国的政府机构和一些非政府组织开始合作，投入了大量的精力来将该物种从近乎灭绝的状态中恢复。新兰乔的主要产卵海滩会有日常巡护，多数卵会被转移至人造巢穴。数以千计的海龟卵被转移至得克萨斯州的帕德雷岛，使此地逐渐形成肯氏龟的第二大繁殖种群。在人工孵化器中孵化的龟卵，可以通过温度控制，以保证孵化的个体以雌性为主。

▼ 海龟异乎寻常地便于接近，但在受到惊吓后它们会在几秒钟内迅速消失在大洋中

Green Turtle
海龟

几个世纪甚或数千年来，海龟都会迁往同一片海滩产卵，它们受异常精确的回家本能所驱使，能够找到大洋中那座多年以前出生的小岛。

海龟，又叫绿海龟，因身体表面的颜色而得名，但事实上，它们最独特的特征是由鳞甲浅色边

迁徙档案	
学　名	*Chelonia mydas*
迁徙路径	去往和离开产卵的海滩
迁徙距离	单程最少2 250千米（阿森松岛种群）
观察地点	南大西洋的阿森松岛；马来西亚沙巴州的西巴丹岛
迁徙时间	1—4月（阿森松岛），7—8月（西巴丹岛）

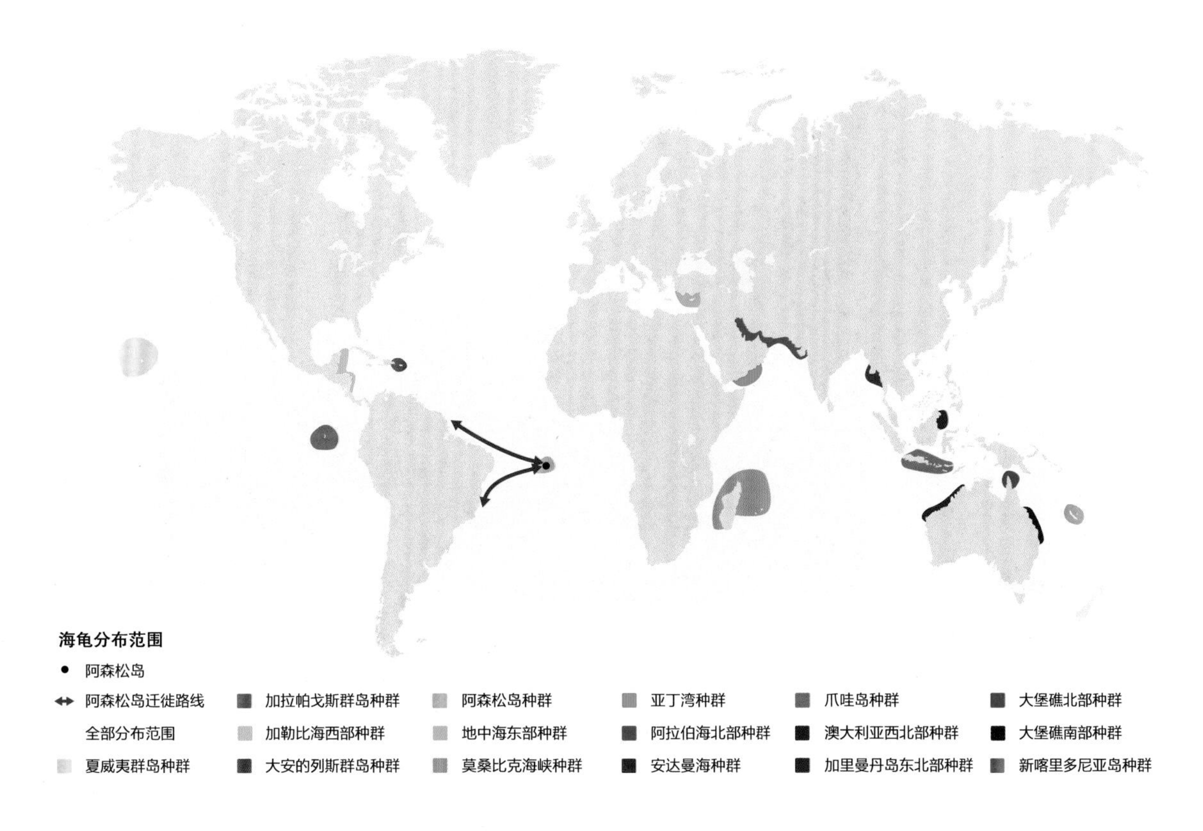

缘所组成的图形。绿海龟是世界上最大的海龟，通常可达0.8～1米长，其轻便美丽的流线型甲壳大大减少了水的阻力。长长的前肢击打水面驱动它们前行，而方形带蹼的后肢则相当于船舵。当长至40～50岁完全成熟时，这些海龟会强壮到逆洋流而进，还能完成持续数周的艰苦迁徙。

在世界上多数地方，海龟是在海洋生活的7种龟鳖里最常见的一种。尽管受到商业捕捞和盗卵的影响，海龟的种群数量有所下降，但世界自然基金会估计，2005—2006年可产卵的雌海龟有203 000只，而实际数量可能远远超过这一数字。对海龟这样一个在热带和温带海域都广泛分布的迁徙物种来说，将种群而不是整个物种列为保护的评价单元可能更为合适：加勒比海的海龟种群数量经历了急剧的下降，但南大西洋的海龟种群从20世纪70年代以来，数量已经增长了三倍。

火山形成的偏远居所

海龟已经演化出了在偏远海岛上产卵的行为，在那里很少有捕食者掠取它们的卵和有着软壳的脆弱的幼龟。它们传统的产卵地被称为群栖处（rookeries），其中最著名的一处是阿森松岛，这座仅有13千米宽的小岛，位于巴西和非洲西海岸之间的中大西洋中部。海龟从巴西海岸的觅食区域出发，至少需要迁徙2 250千米才能到达这个火山形成的偏远居所。由于绿海龟几乎只以珊瑚礁沿岸的海藻或隐蔽海湾的海草为食，所以它们在迁徙过程中无法觅食。另外，阿森松岛周围海域也缺少它们偏爱的食物，因此它们只能在数月后返回巴西时才能再次进食。

雌雄海龟都迁往阿森松岛，在产卵海滩周围的浅海交配。雌海龟的发情周期会持续一周左右，在此期间它会与多个雄海龟交配，并贮存精子，之后在涨潮的夜晚越过礁石爬上海岸，直至远离海岸线

▶ 幼龟受到地平线上强弱不同的光线的指引，而在这些光线中，海面由于水面的反射作用更加明亮，在夜间或阴天也是如此

▼ 幼龟通过长在吻端的破卵齿破开革质的龟壳

冲向海洋

海龟卵的孵化期为45～70天，孵化期的长短取决于窝内的温度。由于龟类缺少决定性别的染色体，所以沙子的温度决定发育中胚胎的性别：29℃以下为雄性，而31℃以上则是雌性。这些幼龟通过在夜间同一时间孵出，来躲避海鸟和其他大多数捕食动物。

的安全海滩最高处。雌海龟将在此产下80～150枚乒乓球大小的卵，并把它们埋在沙中。每个产卵季节（阿森松岛是1—4月）雌海龟可以重复这一过程高达9次，但多数个体都只产3窝卵。

雌性海龟每隔2～5年繁殖一次，和其他缓慢繁殖的物种一样，它们的寿命很长，平均寿命超过80年。

归巢本能

海龟的产卵地通常非常小且较为分散，因而它们如何能在广阔的海洋中准确地找到产卵地一直吸引着科学家们的注意。海龟可能通过太阳和星辰的位置来导航，同时也可能通过海浪和洋流，或者跟随不同水温的梯度差异来导航；另一个可能是它们能够感知地球磁场的变化，在头脑中形成了一个“地磁场地图”。

在一项实验中，阿森松岛的7只海龟在完成繁殖后，被装上电子追踪装置和用来扰乱电磁导航的磁铁，然后对这些电磁感应被干扰的海龟返回巴西的旅程进行卫星追踪，结果发现它们和没有携带磁铁的海龟一样有效地遵循迁徙路径，这说明电磁感应可能在导航中起一定作用，但不是关键的导航方式。

数千年来，海龟会受异常精确的归巢本能所驱使，能够找到大洋中那座多年以前出生的小岛

Magnetic Attraction
电磁引力

在地球的特定区域，远洋迁徙的鲨鱼会在蓝色海面上突然出现，停留片刻后会再次消失，去往未知的目的地。东太平洋上孤零零的小岛科科岛就是这类迁徙热点地区之一。

科科岛是一座属于哥斯达黎加的偏远海底山，位于哥斯达黎加西南约550千米。这座岛屿是世界上最好的潜水区域之一，由于经常有大群红肉双髻鲨在周围陡急的深水区出现，该地逐渐成为鲨鱼爱好

双髻鲨独特的头部是强有力的扫描器，使双髻鲨能够发现沙质海床中隐藏的猎物

▶ 上图：鲨鱼吻部下方布满了所谓“罗伦氏壶腹”的小凹陷，里面包含电磁信号感受器，可用来定位和捕食

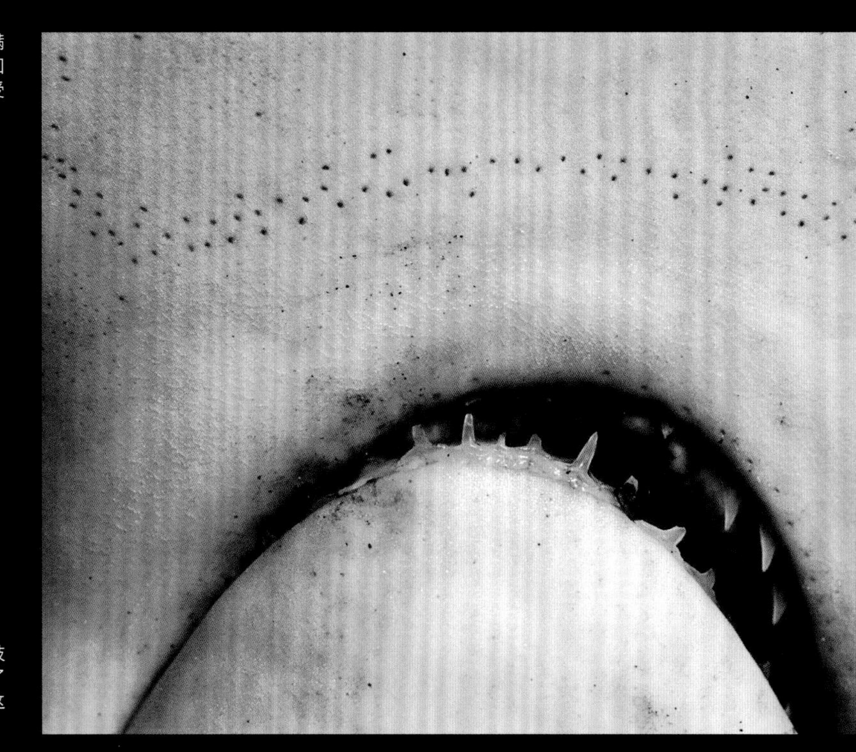

▶ 下图：这张利用回声探深技术拍出的伪彩色图像，显示了哥斯达黎加的一组海底山，这些海底山是海床上的死火山

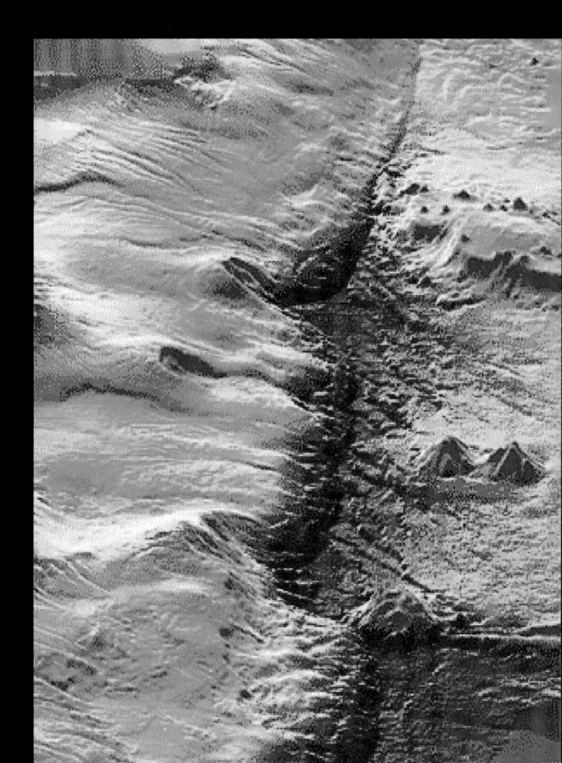

者的胜地。类似的双髻鲨集群也出现在东太平洋的其他海底火山附近，如加利福尼亚湾的圣埃斯皮里图浅滩。海洋生物学家认为这些在大洋中并非均匀分布的鲨鱼在水下沿着固定的高速通道做相对快速的迁徙时，会把海底山作为垫脚石。这些短暂的停留可能具有重要的社交功能，鲨鱼可能以此来进行交流或邂逅潜在的配偶。

在前往科科岛的途中，这些鲨鱼会根据昼夜节律来调节日间的活动。它们白天会成群地在近海休息，夜间则以小群的形式最远游至16千米外的海域捕捉乌贼，并在黎明时返回。在圣埃斯皮里图浅滩进行的一个实验中，研究人员对装有超声波发射器的双髻鲨的跟踪结果显示，双髻鲨每天早晨返回的位置距离出发地都在230米以内。这些鲨鱼可能是通过海底的磁性“道路”来定位的。事实上，整个海底山可能也是一个磁力指向标，因为它们是由火山岩组成的，具有一对相反的电极。

红肉双髻鲨在大洋迁徙途中，会在科科岛周围的海域停留，稍作休息和进行交流

Whale Shark
鲸鲨

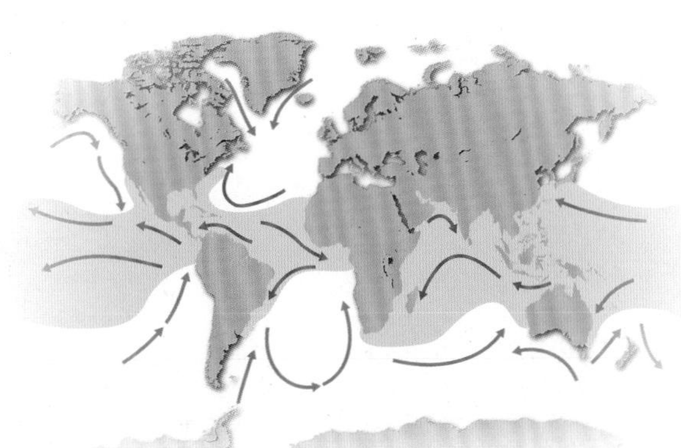

洋流与鲸鲨分布范围

全部分布范围

寒流

暖流

迁徙档案	
学　　名	*Rhincodon typus*
迁徙路径	随季节性浮游生物的大爆发而定
迁徙距离	一年约几千千米
观察地点	洪都拉斯的贝群岛；澳大利亚西部的宁加卢珊瑚礁；塞舌尔的马埃岛；澳大利亚的昆士兰州大堡礁
迁徙时间	2—4月（贝群岛）；3—4月（宁加卢珊瑚礁）；10月（马埃岛）；11—12月（大堡礁）

深海中的巨无霸——鲸鲨是世界上最大的鱼，它们是滤食动物，在富含浮游生物的海洋中不断穿梭，每年固定地在这些季节性的食物大爆发的海域出现，大口吞食浮游生物。

与多数远洋游行的鲨鱼纤细的体形不同，鲸鲨显得格外肥大，它们不像其他鲨鱼有着圆锥形的吻部，而是有着非常重的扁平的头部，嘴巴有1.8米宽——能够保证一个人舒服地在其中游泳。它们完全成熟时可达12～20米长，重达12吨左右，有3个关键的适应性特征来保证它们可以平稳地待在水中：身体后半部凸出的脊、尾干或肉质柄是身体的平衡器，在巡游时不至于翻滚，而超大的尾巴和胸鳍也可以协助其保持平衡。

浮游生物盛宴

鲸鲨在水面下巡游时通常会张大嘴巴，被动觅食。它们吸入大量水分，这些水分穿过5个大的

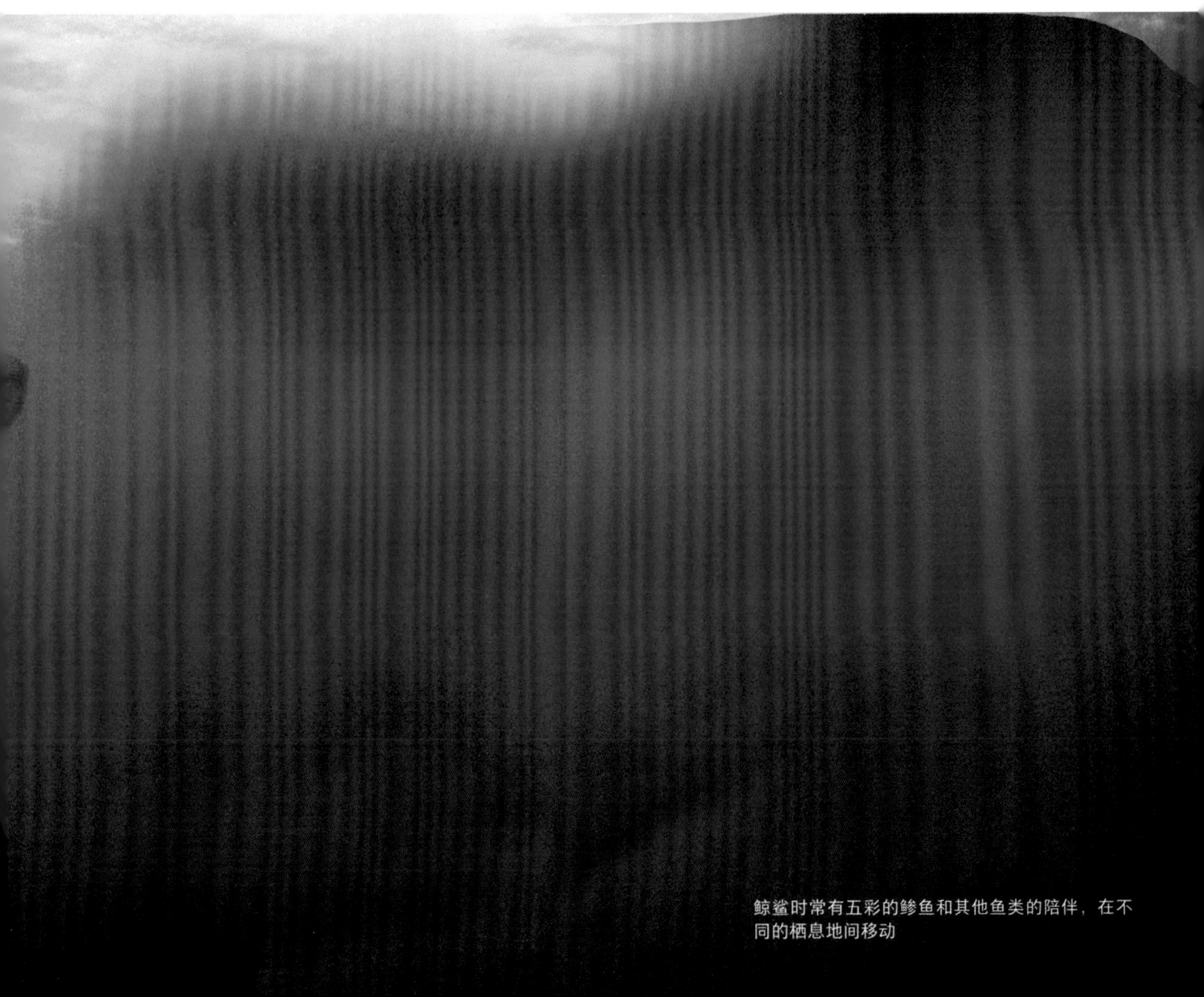

鲸鲨时常有五彩的鲹鱼和其他鱼类的陪伴，在不同的栖息地间移动

▶ 鲸鲨个体可以通过它们的指示性白斑进行识别，这给生物学家提供了一些新的视角去研究这些巨大生物的运动

▼ 珊瑚有性繁殖，它们自由漂浮的卵是鲸鲨最喜欢的食物之一

暗礁鱼子酱

鲸鲨会沿着固定线路去采食被称为“暗礁鱼子酱”的珊瑚虫卵。由满月引起的珊瑚虫大规模同时产卵使海洋中充斥着粉色或红色的珊蝴虫卵。由于珊瑚虫是沿整个暗礁同时产卵，所以这些卵在水流的搅拌作用下会变成一条绵延数百英里的厚厚的富含高蛋白的“浮油”。

鳃瓣时，其中的食物颗粒，如无脊椎动物和鱼类的卵或幼虫会被一个精细的齿状骨突筛出，并被吞咽下去（鲸鲨真正的牙齿非常小，在觅食时并不起作用）。其他鲨鱼中，只有姥鲨和巨口鲨也采用这种方式觅食，这3种鲨鱼都是具有较高迁徙性的物种。巨口鲨数量非常少，我们对它们的了解也很少。但姥鲨和鲸鲨的生活可以概括为在不同季节的不同食物高峰海域之间无休止地移动，它们在不同觅食区域之间做长距离移动时可能没有机会进食。

鲸鲨有两个积极的觅食方法，有时垂直悬浮水中，从表层海水中吸食小鱼群、热带磷虾（虾状甲壳动物）或水母。偶尔几只鲸鲨在水面合作将猎物赶进致密的包围网中，但鲸鲨通常都是单独活动的。

寻找热浪

全球鲸鲨的分布受到暖流的强烈影响。它们无法在水温低于20℃的海域生活，只能在热带和亚热带海域活动，偏好的海水温度在21～26℃之间。鲸鲨经常在珊瑚岛和海岸礁周围的潟湖中出现，这表明它们可能会在偏好的海域之间停留，并只在迁徙时才会到达深海，但这同时也反映出在开阔海面定位鲸鲨很困难。观察鲸鲨的最佳地点包括西澳大

利亚的宁加卢珊瑚礁、印度洋上的塞舌尔和马尔代夫，以及加勒比海西部的洪都拉斯和伯利兹海岸的岛屿。鲸鲨可以容忍潜水者和游船靠得很近，这使得世界范围内的鲨鱼观光产业快速增长，预计每年可创收2 500万英镑。

20世纪30年代，科学家首次提出鲸鲨进行长距离迁徙的理论：它们在印度洋繁殖，之后在南非附近跟随莫桑比克洋流南迁进入大西洋，到达大西洋后，一直跟随南赤道海流到达加勒比海。这一说法尚未得到证实，虽然卫星跟踪的鲸鲨个体确实会远距离迁徙，太平洋海域的一只鲸鲨在40个月内迁徙了22 500千米。但现在有些科学家却认为鲸鲨更可能进行大洋内的短距离迁徙而非跨大洋的长距离旅行。例如，许多鲸鲨9月份会聚集在新几内亚岛南部，11—12月份南迁到大堡礁，之后再继续南迁至澳大利亚的东海岸（其返回新几内亚岛之旅仍是个谜）。类似的地区之间的移动在墨西哥湾、印度洋和太平洋中也可能出现。

鲸鲨背部的独特白斑是与生俱来的，和人类的指纹一样不会随着年龄的增长而变化，这就给研究者识别鲸鲨个体提供了可能，进而可以描绘出它们的移动轨迹。过去这种分析是通过费力地研究海上拍到的鲸鲨照片来实现的，如今可以使用美国航空航天局（NASA）原本用于星系编目的卫星画图软件来识别鲨鱼个体。研究表明，鲸鲨有非常强烈的归家冲动——它们会牢牢记住自己主要的觅食地，几乎像是由钟表调控一样，每年都在数星期内到达同一片觅食区域。

Blue Shark
大青鲨

▼ 大青鲨会袭击人类，而日本鱼翅市场对鲨鱼翅的需求正在毁灭这一种群，它们反而成为应当感到恐惧的主体

迁徙档案	
学　　名	*Prionace glauca*
迁徙路径	雌鲨在交配和产崽海域间迁徙
迁徙距离	每1～3年最长可达15 000千米（北大西洋的雌鲨）
观察地点	南加利福尼亚海岸；美国新英格兰地区和英国西南海岸
迁徙时间	10—11月（加利福尼亚）；5—7月（新英格兰地区）；7—8月（英国）

大青鲨几乎没有家域可言，它们是远距离移动的鲨鱼，在地球的广阔海洋中巡游，在海洋间进行季节性迁徙来追踪猎物。这种柔软且优雅的动物会借助快速移动的洋流在觅食地之间的移动中保存能量。

大青鲨属于真鲨科，这一科还包括鼬鲨和公牛鲨。大青鲨得名于它们引人注目的深蓝色胁部，它们是这一类群中最光滑、最优雅的成员，有着长长的灵巧的吻部，流线型、温和的身体两侧各有一个半月形的胸鳍。当大青鲨在强大的洋流中行进时，这些胸鳍就像是平衡器，使得它们像是在水中飞行一般。有记录的最大的大青鲨长达3.8米（从鼻子到尾巴），但在由鱼翅汤驱使的奢侈的鱼翅贸易引

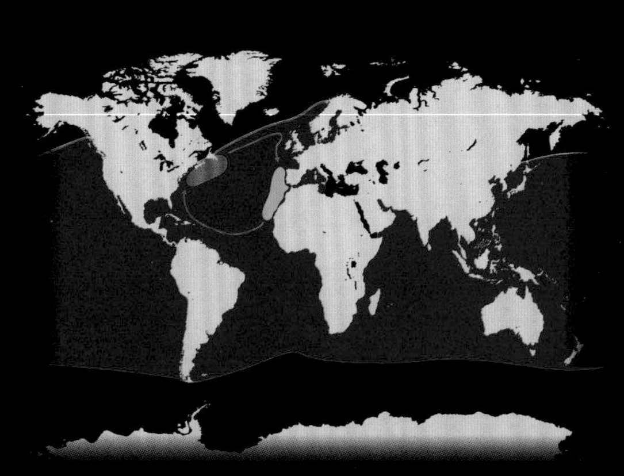

大青鲨迁徙

主要活动范围
交配海域
→ 往东迁徙：成年雌鲨交配后的迁徙路线
往西迁徙：成年雌鲨产崽后和幼鲨一起迁徙的路线

起的高强度的捕捞压力下，2.5～3米的大青鲨已经属于较大的个体。每年有数百万大青鲨被捕杀用于鱼翅贸易，这使得它们成为世界上开发强度最大的鲨鱼。

海洋中的热点区域

大青鲨在深海的栖息地就像是海洋中的沙漠，这片广袤荒芜的海域食物非常少，并且集中在少数分散的热点海域。这些热点海域在毫无特征的海洋中几乎不可见，类似于陆地沙漠中的绿洲，但对整个海洋生态系统来说却异常重要。这些热点区域包括：暖流和寒流的交汇区域；海岸延伸至浅海大陆架的水下峡谷；海底山（海底隆升的水下山脉）喷出的营养丰富的上升流等。

大青鲨不仅能准确定位海洋中的高产海域，而且会在该海域食物丰富时准时出现。尽管和其他鲨鱼一样，大青鲨也是非常聪明的鱼类，但它们如何做到这一点仍是个谜。它们可能在大脑中储存有整个海域的地图，异常敏锐的嗅觉也可能是一个指示系统，通过不断采集巡游过程中的水样并遵循水中的一个气味梯度来导航。它们经常潜水来捕食乌贼，最深可潜至水下350米，这种潜水捕食的方式也许能协助它们通过电磁感应来判断电磁方位。

大青鲨是真正的全球性物种，在温带和热带海

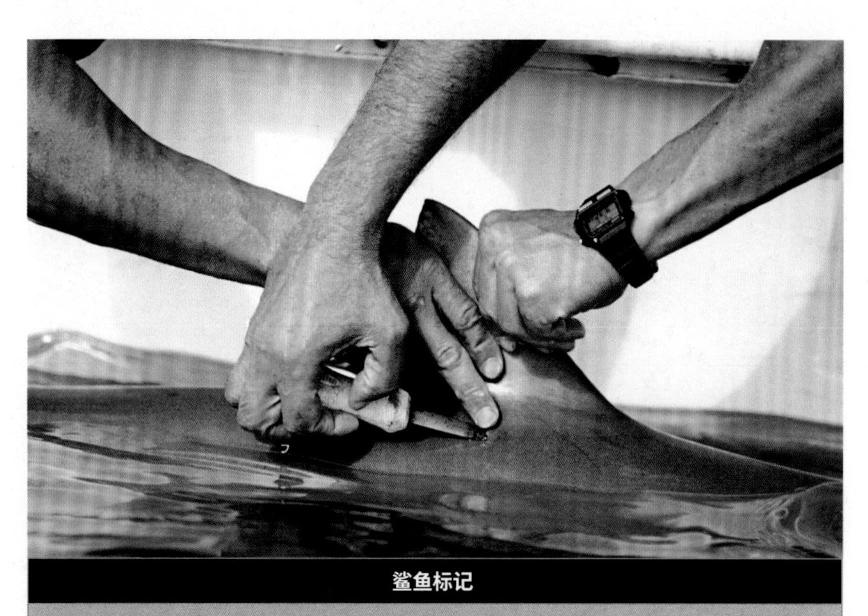

◀ 飞镖样式的标记物正在被植入大青鲨的第一背鳍，标记物上通常会携带有多种语言的返回说明

鲨鱼标记

大青鲨标记项目在揭示它们复杂的移动模式方面已经取得了巨大成功。这些鱼类的迁徙距离惊人，其中一头大青鲨游了6 000千米从纽约到达巴西，另一头在加利福尼亚海岸被标记的个体第二年则在新西兰海岸被重捕。标记个体的重新捕获为我们了解大青鲨如何利用海洋提供了宝贵的数据，为动物保护人士在不同季节确定重要的保护区域提供了可能，如在大青鲨交配和育幼期禁止捕猎鲨鱼。

域都有分布，且主要分布在开阔海域。它们是北纬20°～50°的太平洋海域中最常见的物种，多数会在冬季南迁，夏季北迁，因而种群数量呈现季节性变化。大青鲨的种群数量有性别差异，北部海域的成年雌性要多于雄性。同样的分布模式也存在于大西洋海域，但是我们对南半球大青鲨的移动模式却知之甚少。热带海域的大青鲨被认为是全年定居的，尽管它们可能会偶尔迁徙数百千米去寻找食物或配偶。

随洋流迁徙

北大西洋的雌性大青鲨会沿顺时针方向环绕大洋迁徙，整个旅程将持续12—25个月，行程长达15 000千米（雄性大青鲨没有遵循这样一个清晰可辨的迁徙路径）。每年5—7月，大青鲨会聚集在美国东北海岸交配，并从这里开始迁徙之旅。之后，怀孕的雌性大青鲨会顺着北大西洋环流，逐渐向东进入湾流，然后顺着北大西洋暖流到达欧洲西海岸。随后的夏季它们可到达葡萄牙和西班牙的主要产崽海域，每头大青鲨产25～50头幼鲨。

随后，雌性大青鲨沿西非海岸巡游，借助大西洋的北赤道暖流回到加勒比海西部，最后再借助湾流往北迁至最终目的地——美国东海岸。由于雌性大青鲨在5～6岁时性成熟，能存活30年，每3年左右会参与一次繁殖（产崽和再交配之间有一年的间隔期），因此理论上讲每个个体最多可能参与8次这种迁徙环游。事实上，有些雌鲨产崽后可能留在大西洋东部，而大部分雌鲨一生只完成一次或两次这种环大西洋之旅。

Northern Bluefin Tuna 北方蓝鳍金枪鱼

▼ 北方蓝鳍金枪鱼是集群生活的捕食动物，它们动作快如闪电，就像是海洋中的狼。从下方攻击猎物时，它们蓝色的背部可以协助它们“隐形”而不被猎物发现

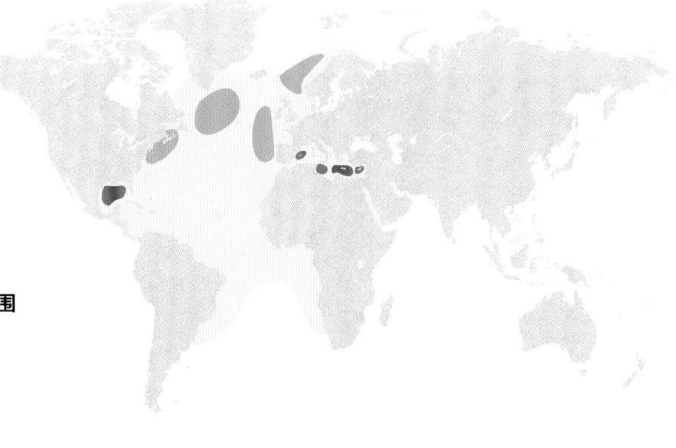

北方蓝鳍金枪鱼活动范围

主要活动范围
繁殖区域
觅食区域

北方蓝鳍金枪鱼作为海洋动物中运动速度最快的物种之一，是天生的长距离迁徙者。这些温血的金枪鱼由于体内富含能够储存氧气的红肌，故可不受冰冷海水的影响，定期横穿大西洋在觅食地和繁殖地之间迁徙。

迁徙档案	
学　名	*Thunnus thynnus*
迁徙路径	从北部的觅食区域到南部的繁殖区域
迁徙距离	单程最长可达10 500千米
观察地点	墨西哥湾；地中海
迁徙时间	4—6月

"MATTANZA"

数百年来，每当大型的成熟的北方蓝鳍金枪鱼进入地中海参与繁殖时，就有许多渔民在此等候。传统的捕鱼方式是将这些大型鱼类赶至海岸，在那里，这些还在活蹦乱跳的鱼被赶入密网围成的陷阱。渔民再用鱼叉叉住鱼，然后拖上小渔船。在西西里岛，这种一年一度的壮观仪式被称为"mattanza"，来源于"matar"（杀戮）这个古西班牙词语。每年5月或6月上旬举行的这个仪式对于海岛居民来说具有近乎宗教仪式般的意义。1975年以来，西地中海的成年北方蓝鳍金枪鱼数量下降了约90%，因此近些年来"mattanza"这一仪式也逐渐消失。如今，北方蓝鳍金枪鱼仅在西西里岛西海岸的少数区域存活。

▶ 尽管看起来很残忍，但一年一度的"mattanza"比渔船的工业化捕鱼方式更加可持续

金枪鱼是水下力量的化身，它们有着光滑的鱼雷状轮廓，以及流线型的可以在全速游动时收缩和平展的鳍。金枪鱼属的8个物种都有相似的身体结构，但生活在大西洋北部和中部的北方蓝鳍金枪鱼是其中体形最大、最引人注目的。它们冲刺时的移动速度可达72千米/时，巡航时的速度约为48千米/时。有记录的最大个体是1979年捕获的，重约680千克，长达4.25米。但由于过度捕捞，如今只有极少数个体能达到这个尺寸。

温血鱼类

金枪鱼和许多快速游动的鲨鱼一样，身体呈深粉红色或红色，而不是多数鱼类的灰色或白色，这是由于它们血管中红肌的比例很高。红肌细胞有含氧丰富的血液供养，而白肌的血液供养较差，因此能够进行有氧代谢的金枪鱼与仅能进行厌氧代谢的白肌鱼类相比，能更加有效地产生能量和热量。

另外，金枪鱼也能比普通鱼类更好地保存代谢产生的热量。它们的体温比周围海水温度高——换句话说，它们是最接近温血动物的鱼类。这意味着它们能在很宽的温度范围内生存，尤其能很好地适应冰冷的环境。例如，北方蓝鳍金枪鱼能在从赤道海域到接近冰点的冰岛和斯堪的纳维亚的亚北极海域生存，而且能潜至1 000米深的水下。体温调节的另一个优势在于它们的肌肉能够变热来为持续快速的游动提供额外的能量。结果是金枪鱼能够捕捉许多快速游动的猎物，包括鲱鱼、鲭鱼、飞鱼和乌贼，并且几乎没有天敌。这些精力超常的北方蓝鳍金枪鱼和海豚类似，会集体捕食，它们把鱼群赶成一个密集的形状，被称为“诱饵球”，再横冲直撞，疯狂捕食。

分布广泛的捕食者

金枪鱼通常会远离大陆架的浅海区，而在开阔的深海海域生活。长期以来，它们都被认为是强大的漫游者，能够沿着固定路线规律性地跨越大洋，现在的卫星跟踪系统正逐渐揭示它们破纪录的迁徙之旅的真实距离。在一项相关研究中，一条有标记的太平洋蓝鳍金枪鱼在20个月的时间内横穿太平洋3次，迁徙的总距离约为40 000千米。

北方蓝鳍金枪鱼通常一年中至少有半年时间会待在富饶的觅食区域，未成年的小金枪鱼会一直在此停留两到三年。它们的重要觅食区域包括加拿大东部海域和美国东北部海域，尤其是靠近纽芬兰的弗莱米什角，以及爱尔兰和西班牙之间的深海区域。北方蓝鳍金枪鱼的数量在7月至来年1月或2月达到高峰，在此期间它们会采到充足的食物，之后有一些会南迁至温暖海域，并减少采食量。繁殖可能是这种迁徙运动主要的驱动因素。

我们对北方蓝鳍金枪鱼的繁殖行为还知之甚少，到目前为止只知道墨西哥湾和地中海这两处产卵地。每年4—6月，性成熟的北方蓝鳍金枪鱼（年龄超过8～10岁的个体）会聚集在这两个区域。1 000多条有标记的北方蓝鳍金枪鱼的数据显示，这些鱼类是分散产卵的，它们会返回出生地参与繁殖。但在其他时间，这些鱼群可能混群，迁往大西洋的另一边。在大西洋西海岸有标记的北方蓝鳍金枪鱼会穿越大西洋到达地中海，而东海岸的鱼群则通常到达弗莱米什角的觅食区域。我们仍不清楚北方蓝鳍金枪鱼如何导航，它们可能通过多维的脑部地图，包括海底、洋流、温度、盐度和海域不同位置的化学组成等信息来导航，也可能通过解读太阳光和月光的方向来导航。

浮动的金库

工业化的捕捞造成了北方蓝鳍金枪鱼和其他几种金枪鱼数量的急剧下降，这些物种已经被划为“极危”。北方蓝鳍金枪鱼由于用作寿司和生鱼片的原材料而价格高昂，被称为“浮动的金库”。一条稍重的金枪鱼在日本的批发市场有时可以卖至50 000英镑的高价。

Sockeye Salmon
红大麻哈鱼

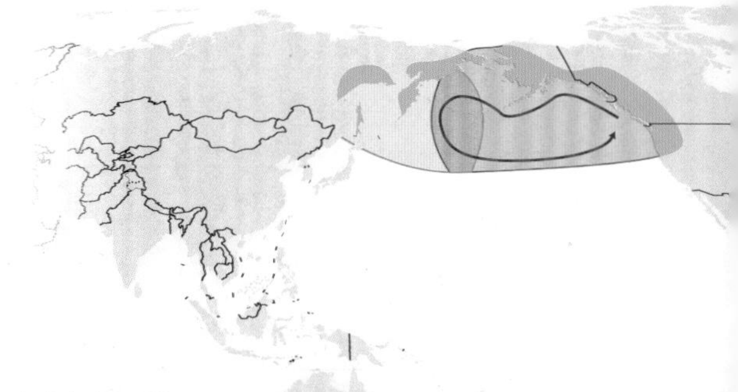

每年有数以百万计的红大麻哈鱼溯流而上，把整条河染成血红色，产卵后就死去。在进入广阔的太平洋的生命旅程的最后阶段，它们仍会返回出生的湖泊或溪流中。

迁徙档案	
学　名	*Oncorhynchus nerka*
迁徙路径	从海洋到湖泊或溪流中产卵
迁徙距离	淡水中最长可达2 400千米
观察地点	美国阿拉斯加州基奈河；加拿大不列颠哥伦比亚省亚当斯河
迁徙时间	6—8月（基奈河）；8—10月（亚当斯河）

鲑鱼由于产卵之旅的壮观而具有极其重要的经济和文化价值，因而可能是所有迁徙鱼类中最著名

▶ 在短暂的繁殖季里，红大麻哈鱼背部和两侧都呈深红色，头部和上颌则是橄榄绿色

◀ 数量众多的红大麻哈鱼在阿拉斯加一个清澈湖泊的浅水中产卵，这些鱼在数周内都会死去

的。过去，阿拉斯加和西伯利亚的鲑鱼大迁徙会阻塞整条河道，使河岸决堤，这些地区的居民每年都庆祝鲑鱼的回归。如今，在北美洲西北部的某些地区，这种传统的鲑鱼节日仍然在夏季或初秋举行。

北太平洋生活着太平洋鲑属包括虹鳟鱼在内的至少9个种，而北大西洋却只有一个单属种——斑鳟。鲑鱼复杂的生活史可以用“溯河洄游”一词来简单概括，从淡水开始，到淡水结束，但大部分时间在海洋中度过。鲑鱼有一系列的生理适应性特征来应对盐度和温度的急剧变化，其中最重要的是它们的肾功能。但有些红大麻哈鱼却不进行溯河洄游，即从不离开淡水生活。尽管这些终年生活在湖泊中的个体和迁徙个体同属一个物种，但它们从不混群。

溯河而上

红大麻哈鱼和鲑目其他动物一样，也有强有力的鱼雷状身体和较大的尾鳍，这一流线型的身体能够适应持久的迁徙。当红大麻哈鱼在4岁或在6岁（极少数）死亡时，它们的迁徙距离已达数万千米甚至更远，比其他任何鲑鱼的迁徙距离都长。但迄今为止，在红大麻哈鱼的整个生活史中，只有前往繁殖地迁徙的最后阶段最容易观察到，因而也最容易进行研究。这次单程迁徙开始于春季或夏初，从大河河口迁往产卵地。迁徙将持续3～6周，行程可达2 400千米。

红大麻哈鱼一旦溯流而上，就陷入了一场与水流的无休止斗争中，这中间还要穿越湍流和瀑布，从奔涌的水流中不顾一切地挣扎而上。在此期间它们并不进食，而是消耗储存在身体中的厚脂肪层。它们的迁徙充分体现了“适者生存”的法则——只有最强壮的个体才能到达上游，并将基因传递给后代。红大麻哈鱼通过记忆和敏锐的嗅觉而获得令人惊讶的返回出生地的能力。它们通过感知周围岩石、土壤和植被共同影响下的水样，能够识别出生水域独特的化学特征。

在艰难的迁徙过程中，生殖激素会促使雄红大麻哈鱼的形状变得很奇怪：它们的下颌会变成钩状，被称为“倒刺”；平滑的背部会隆起；雌雄鱼也都会改变颜色。它们的头部变绿，银色的背部会变成深红色，这也是该物种的别名“红鲑鱼”的由来。当红大麻哈鱼最后抵达产卵地时，这里富含氧气的水和粗糙不平的沙砾水底能保证它们的卵在整个冬天的发育。所有雌红大麻哈鱼在产卵后的数周内都会筋疲力尽而死，届时浅水区会布满红大麻哈鱼的尸体。这些渐渐腐烂的尸体会成为熊、白头海雕和狼的食物，并将重要的养分返还至淡水食物链中。

每年4月和5月，水温的上升会诱发鲑鱼卵的孵化。这些孵出的小鲑鱼发育为鱼苗，鱼苗在河流和湖泊中发育一两年后就顺流而下，将迁徙与春季融雪造成的洪流的时间协调一致。这一阶段的小鲑鱼被称为两岁龄鲑鱼。成年红大麻哈鱼以浮游生物和小鱼为食，2～4岁阶段在海洋中成熟，从海岸到大洋中部都有广泛分布；部分阿拉斯加的种群甚至可能在日本海域出现。

最后的红大麻哈鱼

红大麻哈鱼的迁徙都遵循一个固定的模式——不管其他因素如何变化，它们总是每4年迁徙一次。但总的说来，最近几十年由于迁徙的红大麻哈鱼面临的各种危险的增多，包括拦河坝和水力发电大坝的兴建（鱼梯起些缓和作用，但无法根本解决问题），红大麻哈鱼的数量在持续下降。某些红大麻哈鱼种群已经灭绝，如美国鲑湖的红大麻哈鱼。在欧洲殖民者到来之前，约有1 000万～1 500万条红大麻哈鱼沿着哥伦比亚河和斯内克河到达爱达荷州的鲑湖产卵。之后，这些河流共截流11处用于成本较低的水力发电，并为华盛顿州东部干旱的哥伦比亚高原提供灌溉用水。到1992年时，鲑湖仅剩一条外号为“寂寞的拉里”的野生雄红大麻哈鱼。

▼ 棕熊需要数年才能练好捕鱼技巧。亚成体会四处走动去寻找鲑鱼，而像图中这只经验丰富的棕熊则会耐心等待迷失方向或不知所措的鲑鱼

捕鱼的棕熊

鲑鱼是阿拉斯加和西伯利亚棕熊的主要食物。这些棕熊聚集在鲑鱼产卵的河流边，享受鲑鱼盛宴。每年的这一时期，这些饥饿的棕熊都会大量进食，来为冬眠积攒脂肪。一只完全成熟的成年棕熊每天最多可吃掉45千克鲑鱼。正是由于这些高油高蛋白食物的摄入，阿拉斯加半岛南部科迪亚克岛上的棕熊才能成为世界上最大的棕熊。

European Eel
欧洲鳗鲡

▼ 秋季潮湿的夜间，成年欧洲鳗鲡在返回海洋的过程中会在地面滑行，但旅程中的多数时间它们都是悄悄地在河流或溪流的水下行进

欧洲鳗鲡是令人着迷的鱼类，具有双重特点。它们在淡水中长至成熟，在某个秋季出发，游数千千米甚至更远，横穿大西洋到达产卵地。鱼苗则跟随洋流返回淡水水域。对这些微小的动物而言，这是场庞大的迁徙。

迁徙档案	
学　名	*Anguilla anguilla*
迁徙路径	在欧洲淡水流域和大西洋之间
迁徙距离	在咸水中最长可达8 000千米
观察地点	欧洲的河流
迁徙时间	9—11月（夜间）

成年欧洲鳗鲡完全成熟时，可长达1.2米，重约6.6千克，但多数欧洲鳗鲡只能长到这种尺度的2/3。这些奇怪的管状鱼类由于细长的体形和蜿蜒的游泳方式而经常被误认为是蛇，这种蜿蜒的游泳方式是由体表肌肉作用形成的波纹所致。它们身体两侧缺少胸鳍和腹鳍，而且鳃盖也缩减成一个细小的开口，这些都使它们外表看起来更像蛇。

欧洲鳗鲡也被称为普通鳗鲡，是鳗鲡科多个亲缘关系密切的物种之一。鳗鲡科都采取所谓“下海繁殖”的特别迁徙生活方式。它们在大洋中以浮游生物模样的幼鱼开始生命之旅，长至成年后返回这里繁殖，并在此死去，但在生命的中期则生活在淡水中，有时淡水活动区域离出生海域非常遥远。它们的内脏具有特殊的适应方式，使之能够在淡水和咸水的转换中存活。欧洲鳗鲡一生只有一次繁殖的机会，它们在深水中产卵后会很快死去。

缓慢发育

欧洲鳗鲡和鳗鲡科其他物种一样，都格外长寿。雄性欧洲鳗鲡在淡水中生活10～12年用以觅食和生长，而雌性欧洲鳗鲡的生长时间甚至更长，有时长达20年，甚至有尚待验证的报道称其可存活30年。在淡水生活期间，它们会在潮汐河、沼泽、池塘、排水沟以及溪流等多种栖息地之间活动。调查显示，未成年欧洲鳗鲡偏好在河流的下游分布，而年长的、体形更大的个体则常出现在河流的上游。

白天，欧洲鳗鲡潜藏在杂乱的植物根和水下植被中以躲避主要捕食者——鹭和鸬鹚。夜间出来

▶ 在一代人的时间内，河流中随处见到迁徙的欧洲鳗鲡的情形已经变得极为渺茫

令人费解的种群衰退

过去欧洲每条大河的入海口都有非常多的欧洲鳗鲡。但这一场景已经不复存在，20世纪70年代以来，到达欧洲海岸的幼鳗数量下降了至少90%。一些专家认为这一种群数量下降是周期性波动的自然现象，不会持续很长时间，但多数专家认为这是一种长期的不可逆的趋势。过度捕捞是造成这种现象的一个原因。其他重要的威胁因素可能还包括污染、迁徙中的障碍——拦潮坝和水电大坝，以及线虫感染等。

◀ 幼鳗的身体特别透明，可以透过它们看到后面的背景。尽管看起来很脆弱，它们却能沿着河流溯流而上

捕食无脊椎动物和其他小型猎物，有时也会采食腐肉。引人注目的是，它们布满黏液的皮肤能使它们在缺水的环境中短暂存活一段时间，还可以在地面滑动来寻找食物或占领新的栖息地。冬季欧洲鳗鲡会在河流和池塘底部的淤泥中冬眠以度过最冷的月份。

夜间离开

性成熟的欧洲鳗鲡最终会离开淡水活动区域，远距离迁徙到海洋中繁殖。迁徙在秋季的夜晚达到高峰，尤其在下弦月和新月之间最多。欧洲鳗鲡出发的信号是水温的下降和由于秋季强降水导致的水量突然增加。在洋流的帮助下，欧洲鳗鲡以大群的形式每夜可以移动50千米。

当欧洲鳗鲡接近海岸时，肠胃会收缩并停止采食。由于在深海迁徙，它们的眼睛几乎膨胀为原来的两倍。它们深色的身体也会变成银色，可能是为了便于在开阔的海域中隐蔽。对欧洲鳗鲡的产卵行为我们还知之甚少，在野外也未能观察到。但已知它们会产下非常多的微小的卵，这些卵跟随洋流漂动，并最终孵化成透明状的被称为仔鳗的幼鱼。这种幼鱼小到几乎难以用肉眼看到，非常便于躲避捕食者，但即便如此，经过2～3年的漂游，只有极少数的欧洲鳗鲡鱼苗能够安全到达河口。在河口，这些鱼苗会长成铅笔大小的幼鳗，之后像蠕动的意大利面一样大群溯河而上，继续谱写它们的生活史。

产卵之谜

欧洲鳗鲡的产卵地至今仍未被发现，但据猜测可能位于西大西洋的百慕大以东的马尾藻海。鱼苗从这里开始，可以借助洋流返回欧洲。它们首先依托强大的湾流向北移动，湾流源自加勒比海，向北输送温暖高盐的海水，之后它们跟随北大西洋暖流继续朝西北方向漂流，经过西欧海岸。

一个国际研究项目正在探究这一问题。科学家们秋季在这些迁徙的银色欧洲鳗鲡身上安装卫星追踪器，期望能够获得有关它们在海洋中迁徙路径的数据，并找出它们可能的最终目的地。另一项在泳道中养殖欧洲鳗鲡的研究表明，它们是非常高效的游泳者，能够在不进食的情况下完成约5 500千米的模拟迁徙。但关于这一问题的答案还需要更多的研究，因为马尾藻海距离这一物种的最北的活动海域约有8 000千米远。

The Greatest Migration
最大规模的迁徙

▼ 微小的浮游动物，如这些桡足类动物和蟹的幼体，是世界上最小的迁徙动物。如果没有它们，海洋会变成毫无生机的荒漠

夜幕降临后，地球上规模最大的迁徙出现在开阔的海面。数以亿计极其微小的甲壳类动物以及水母、乌贼和鲨鱼，都穿过水层到达海面，在清晨再沉入水中。

海洋表层30米的水层中充满了浮游生物——以吸收太阳能制造食物的微小的细菌和蓝绿水藻。几乎所有的海洋生物都依赖这些浮游生物生存。它们的初级消费者是无数群小型动物，包括单细胞的

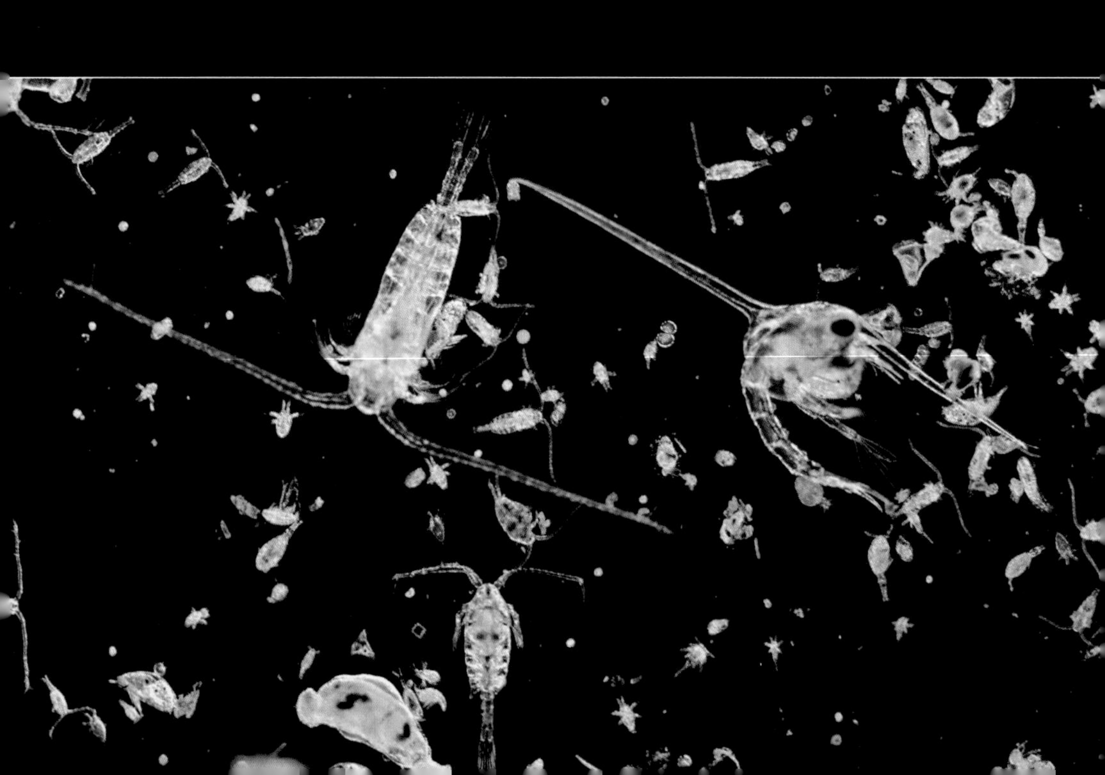

▶ 上图：乌贼是高度运动性的夜行性捕食者，它们会成群地穿越水体。这张照片显示的是手乌贼属的一种远洋生活的乌贼

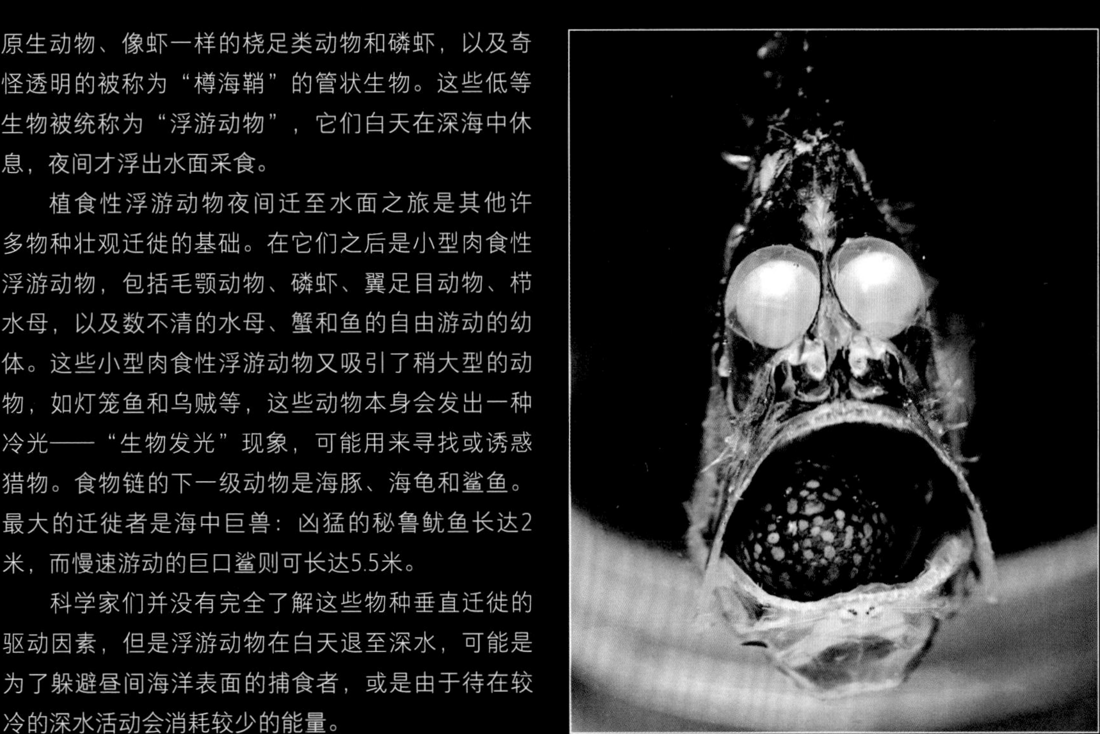

▶ 下图：像许多开阔海域的捕食者一样，银斧鱼经常从下面发动袭击。它们那冲上的眼睛会帮助它们发现头顶上方移动的猎物

原生动物、像虾一样的桡足类动物和磷虾，以及奇怪透明的被称为“樽海鞘”的管状生物。这些低等生物被统称为“浮游动物”，它们白天在深海中休息，夜间才浮出水面采食。

植食性浮游动物夜间迁至水面之旅是其他许多物种壮观迁徙的基础。在它们之后是小型肉食性浮游动物，包括毛颚动物、磷虾、翼足目动物、栉水母，以及数不清的水母、蟹和鱼的自由游动的幼体。这些小型肉食性浮游动物又吸引了稍大型的动物，如灯笼鱼和乌贼等，这些动物本身会发出一种冷光——“生物发光”现象，可能用来寻找或诱惑猎物。食物链的下一级动物是海豚、海龟和鲨鱼。最大的迁徙者是海中巨兽：凶猛的秘鲁鱿鱼长达2米，而慢速游动的巨口鲨则可长达5.5米。

科学家们并没有完全了解这些物种垂直迁徙的驱动因素，但是浮游动物在白天退至深水，可能是为了躲避昼间海洋表面的捕食者，或是由于待在较冷的深水活动会消耗较少的能量。

一天的24小时中，太阳落山和升起时，整个海洋群落都处于运动当中。水母是这些垂直迁徙的物种中数量最多的

Antarctic Krill
南极磷虾

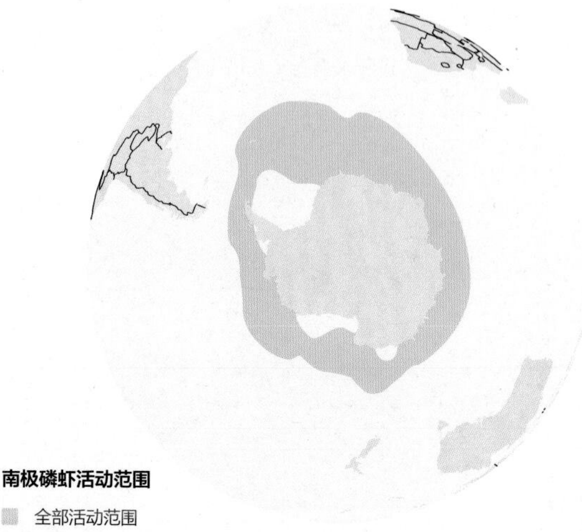

南极磷虾活动范围

全部活动范围

迁徙档案	
学　　名	*Euphausia superba*
迁徙路径	夏季每天垂直迁徙至海洋表面；在海冰和开阔海域之间做季节性运动
观察地点	南极海域
迁徙时间	12月至次年2月

南极磷虾以极大的数量游过南大洋时会将海面染成红色。这些数量众多的类虾甲壳动物会随着每年海冰的融化和冻结而运动，同时也作为食物，养育着从企鹅到鲸类的众多动物。

如果不是集群的习性，磷虾用肉眼是看不见的，因为它们通体透明，且只有6～60毫米长。但最大的磷虾群在太空也是可见的，并且能够被卫星跟踪。磷虾至少有89种，作为一类浮游生物遍布全球，但在寒冷的温带和极地海域数量最多。在南大洋的数十种磷虾中，迄今为止，南极磷虾的数量最多：一个水下200米深、450平方千米的海域范围内，可能有200万吨南极磷虾。

南极磷虾“云”

南极磷虾群是有记录的世界上最大的动物集

在这张放大的图片中，南极磷虾透明的外壳、复眼和桨状的游泳足都能看得很清楚

群，因此说南极磷虾是南大洋最重要的蛋白质来源一点也不为过。它们是南极食物链的基础，无数只磷虾被所有更高级的生物，包括鱼、乌贼、水母、企鹅、海豹和须鲸所采食。

南极磷虾的寿命在5年左右，它们每年冬季在冰盖下迁徙。成年磷虾冬季在极地的6个月内，几乎不采集任何食物，而是靠前一个夏季积攒的脂肪越冬，它们会缩小体形，减慢代谢速率，外表会退回幼体时的模样，甚至吃掉自身的外壳来维持生存。冰面以下也有尚未真正成熟的磷虾，在漆黑的冰面下磷虾的捕食者非常少，这些未成年的磷虾在这里得以安全过冬。

夏季当海水温度上升时，南极磷虾就会迁回南极洲海岸线附近随着浮冰融化而显露的海洋表面。这里长时间的光照促使海洋中浮游植物，尤其是单细胞藻类——硅藻突然大爆发。这个厚厚的硅藻层正是南极磷虾采食的对象，磷虾经过进化的前肢会不断从海水中捞起硅藻，同时也会捞起少量的浮游

▶ 左图：成年南极磷虾夏初产卵，这些卵会下沉300～400米到达大陆架。这些幼虾经过数个生活史阶段才返回海洋表面，它们在海冰下靠采食水藻度过冬季。那些下沉时离开了大陆架的卵则可能在返回海面之前被饿死

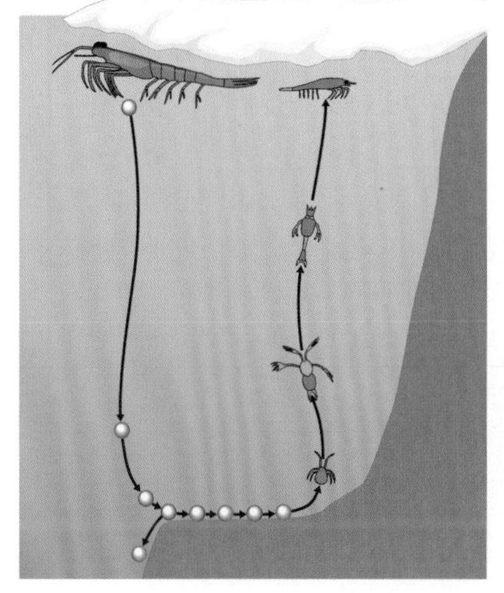

▶ 右图：南极磷虾是关键物种，为座头鲸及其他许多夏季迁徙者提供了食物

动物（鱼、软体动物和水母幼体等微小动物）。

盛夏浮冰完全消失时，南极磷虾群的规模达到顶峰，它们经常绵延数千米。为了安全起见，南极磷虾每12个小时就沉入更深的海水中，躲过多数捕食者的攻击，12个小时后再浮到海洋上层。它们是高效的游泳者，以拍打桨状的足来穿越水层。这种日迁徙每天都在重复，直到冬季海面结冰、南极磷虾群被迫扩散时为止。

混合洋流

由于南极磷虾的分布跟携带营养的洋流和上升流相关，因此它们通常呈片状分布。事实上，最近的研究表明，南极磷虾群并不仅仅被动地跟随这些洋流移动，而是主动地改变洋流。通过在海洋中以12个小时为周期的垂直移动，南极磷虾群在混合营养丰富的底层海水和营养缺乏的表层海水方面起着重要的作用。不幸的是，洋流也受到气候变化的影响，气候变暖给南极磷虾和南极生态系统都带来了灾难性的影响。

自然保护人士也注意到了南大洋地区快速兴起的磷虾捕捞业。2008年，南极磷虾的年捕捞量达到80万吨。绝大多数南极磷虾成为鱼塘的饵料或被用来制造健康补品，如深海鱼油（Omega-3）。虽然从20世纪70年代起，南极磷虾的种群数量已证实下降了80%，但人类仍计划使用更大型的工业船只和“泵吸”的捕捞方式来加大对南极磷虾的捕捞。

鲸类的食物

磷虾在古挪威语中的意思是“鲸类的食物”——这是个恰当的描述。磷虾是许多鲸类的食物，蓝鲸更是只采食磷虾。成年蓝鲸重达200吨，为了满足身体的需要，每天需要150万卡路里的能量。但由于蓝鲸的繁殖区域在温暖的热带海域，那里没有磷虾分布，它们每年只能在极地生活的几个月里进食，因此它们每天需要至少300万卡路里的能量，相当于约4吨磷虾。和其他须鲸科动物一样，蓝鲸吞食大口的海水，然后用上颌的鲸须筛出可以食用的成分。南极海豹的一种——锯齿海豹，又称食蟹海豹，这一名称存在一定误导性，它们也仅以南极磷虾为食。它们已经进化出咬合齿来从海水中捕捉磷虾。因为食物的数量众多，锯齿海豹已成为世界上数量最多的大型哺乳动物之一，种群数量可达150万只。

Caribbean Spiny Lobster
眼斑龙虾

▼ 眼斑龙虾能够年复一年地找到同一片巢穴

冬季的第一场暴风雪，是眼斑龙虾开始跳着康茄舞穿越海床到达深海避难所的信号。它们受到电磁场的指引，能够沿着特定的路线迁徙，并能神奇地在春季返回家园。

迁徙档案	
学　　名	*Panulirus argus*
迁徙路径	冬季迁往深海
迁徙距离	单程最长可达50千米
观察地点	美国佛罗里达群岛的滨海区域
迁徙时间	4—7月

地球上多数的10条腿的甲壳动物，包括龙虾、

蟹和虾，都具有迁徙行为。标记和重捕研究证明，它们经常在分散的采食地、繁殖地和越冬地间移动。除此之外，蜘蛛蟹还会迁徙到公共的蜕皮区，结成大群安全地褪去外壳。而眼斑龙虾的季节性迁徙情况已经在水下被观察和拍摄到。如今已有充足的证据表明，眼斑龙虾具有和脊椎动物同样精确的导航能力，尽管它们的神经系统要简单得多。

眼斑龙虾长约60厘米，是墨西哥湾、加勒比海以及从北卡罗来纳和百慕大向南到巴西之间海域的本地种。它们没有像比它们大得多的欧洲龙虾或美洲龙虾这些冷水分布的螯龙虾属那样巨大的螯，但它们的甲壳和触须上布满了毒刺，可以吓退多数捕食者。它们夏季栖息在温暖的浅水区，尤其是珊瑚礁和红树林岛周围，白天藏身于岩缝中，夜间出来捕食无脊椎动物。

每只眼斑龙虾都有一片数百平方米的采食区域，白天大部分时间藏匿其中。它们或者在一处海域停留数月，或者只停留数周就继续移动。在平均15～20年的生命历程中，它们完全可以了解某一片广阔海域海底的详细情况。

奔向大海

小眼斑龙虾会在育幼场（通常是海草场）生活3～4年，而成年眼斑龙虾则会在秋季经历一场剧烈的行为转变，它们会抛弃现有的活动范围，聚集成大群，昼夜不停地游动。这些龙虾形成由50～60个个体组成的链，以单排的形式沿着沙质海底往深海前进。尽管它们游泳的速度很快，但偏好步行迁徙，可能是因为这样能够利用触角保持亲密的身体接触，团结一致抵御鲨鱼、石斑鱼或其他捕食者的进攻。采取这种颇为壮观阵势的龙虾每天可以向前推进约14千米。

眼斑龙虾每年一次的迁徙之旅可能受秋季昼长逐渐变短或第一场大暴风雨引起的海水温度骤降所

驱使，或者是这两方面共同作用。另一个驱动因素可能是此时海水因动荡而变得浑浊。眼斑龙虾冬季会在深海暗礁里停留，躲避浅水区暴风雨的袭击，同时在寒冷的海水中可以减慢代谢，节省能量，从而不需要经常采食，因此返回深海可能是一个度过饥饿冬季的办法。

电磁导航寻路法

我们很早就从标记个体的多次重捕中知道眼斑龙虾能够在夏季找到返回同一片采食区域的路，甚至能返回同一个珊瑚礁中的巢穴。眼斑龙虾靠视觉导航，利用对水下地形的了解，同时比较在涌流（海底海水的水平运动）的位置来辨别方向。但数千只龙虾遵循几乎相同的路径移动，有时在黑暗中前行，说明它们肯定有其他更加精确的导航系统。

一直以来，眼斑龙虾就被认为可能是通过电磁感应定位，通过地球磁场获得位置信息，但直到20世纪90年代，这一说法才得到证实。在一项实验中，把电磁线圈埋在沙中，通过倒转电磁线圈磁极的方向，观察拴在磁极周围的眼斑龙虾的反应。研究者注意到眼斑龙虾会根据磁场的变化而改变运动线路。2003年的一项研究证实，眼斑龙虾不仅能通过电磁场准确定位方向，还能确定准确的地理位置，这也是首次在无脊椎动物中发现这一现象。

昂贵的捕捞

眼斑龙虾发育非常缓慢——直到5～6岁时才会参与繁殖，也像其他许多大型龙虾一样受到过度捕捞的威胁。现在既被娱乐消遣的潜水者捕捉，也遭受商业性搜索之灾。过去由于受到高强度捕鱼业的影响，眼斑龙虾的捕获量曾大幅下降，但是20世纪70年代后，墨西哥湾的捕鱼业受到严格控制，以避免未来种群的毁灭。

一群眼斑龙虾在开阔海域的海底列队迁徙以避免捕食者袭击

Australian Giant Cuttlefish 巨型乌贼

迁徙档案	
学　名	*Sepia apama*
迁徙路径	去往澳大利亚南部外海的产卵海域
迁徙距离	未知
观察地点	澳大利亚南部斯潘塞湾
迁徙时间	5—9月

每年秋天，巨型乌贼就会聚集在澳大利亚南海岸进行繁殖。它们在岩礁上盘桓，结合成翻转起伏、千变万化的群体。几周内，它们就会因产卵耗竭而死，尸体漂浮在海面上吸引大群水鸟前来享用这一乌贼盛宴。

▶ 信天翁依靠强壮的翅膀，可以毫不费力地翱翔。它们到达巨型乌贼的繁殖海域，取食这些数量众多的已死和垂死的巨型乌贼

海鸟的盛宴

每年巨型乌贼的产卵季末，海面上漂浮着已死和垂死的巨型乌贼会吸引大洋上空很多飞行的鸟类。它们中的许多都是随机而来，在穿越海洋时被臭味所吸引，另一些则是通过设计迁徙路线，专门经过这些海域来享用这一年一度的盛宴。有些鸟类甚至每年都出现在同一片礁石上，取食巨型乌贼。

◀ 巨型乌贼能够在瞬间改变外表——这是个非常有用的小诡计，通常用来伏击猎物或躲避捕食者

人们迄今已经记录了一千多种鱿鱼、章鱼和乌贼，它们有些生活在海岸，有些生活在海洋表面，还有一些则生活在昏暗的深海，而且每年不断有新的物种被发现。这些被统称为“头足类”的古老软体动物是当今进化程度最高的海洋无脊椎动物，它们具有很大的脑部，可以做出复杂的行为。其中许多是强大的迁徙者，每24小时在海洋的不同水层中做垂直移动，而且也可能在采食地和产卵地之间做远距离的迁徙。

在所有头足类动物中，巨型乌贼的迁徙之旅大概是最为壮观也最容易被观察到的。巨型乌贼的迁徙出现在清澈透明的浅水水域，成百上千只巨型乌贼会在此争斗，都想在死前抓住最后一个机会参与繁殖。这一戏剧性的场面发生在南半球的5—7月，高峰时间取决于其所在的位置和海水的温度。和头足纲物种典型的夜间活动不同的是，巨型乌贼在产卵时也会在白天活动。这促进了澳大利亚南部的斯潘塞湾等热点地区生态旅游业的发展，在这里人们能够潜水至高密度的巨型乌贼群中。

闪烁的乌贼群

巨型乌贼的寿命不到3年，但正如它们的名字一样，它们的体形可大到1.5米长、14千克重。关于它们的生活史我们还知之甚少，尤其是在海洋中生活的最初两年，但是它们壮观的繁殖形式已有非常详细的记录。

雄性巨型乌贼比雌性大，它们通过充满敌意的展示行为来威吓对手。它们像科幻电影中奇异的宇宙飞船舰队一样，数十只一起悬浮在水中，瞬时产生能遍及全身的夺目的色彩脉冲。它们柔软的皮肤上会闪现迷人的彩虹般的红紫色、黄色和蓝绿色组成的“斑马状”条纹，有时变暗，有时变得苍白。这种炫目的色彩秀是由皮肤底层的色素细胞折射偏振光实现的。这些细胞通常用来帮助乌贼隐藏，但

此时却被雄性用来进行高强度的“视觉大战”。

雄性巨型乌贼会争夺地盘，在水中像表演芭蕾一样前后和侧向滑行，试图获得和保护暗礁中的位置。最终占优势的雄乌贼能够获得对雌乌贼炫耀的机会，这些雌乌贼正躲在暗礁附近的海草或岩石中观看雄乌贼的“舞蹈”。交配后，雌性巨型乌贼就在暗礁的裂缝中产卵，这样它们的整个生命历程也就完成了。

未解之谜

巨型乌贼迁徙的目的已经非常清楚：它们需要牢固的基底产卵，还需要温暖的海水保证卵的发育，只有浅海的岩礁能满足这些要求。但是广泛分布的巨型乌贼如何知道何时该动身去往岸边？有多个可能的驱动因素，包括光线、温度、水的密度和盐度的变化等，但是这些因素如何起作用仍缺乏定论。

巨型乌贼和多数头足类动物一样，是高效的游泳者，它们依靠“褶皱裙边”一样的侧鳍的波状运动来游泳。一些鱿鱼，如大西洋鱿鱼已证实能跟随洋流巡游数千千米甚至更远，因此巨型乌贼也可以做远距离迁徙的假设应该可以成立。但它们是如何找到迁徙路径的却仍然是个谜。巨型乌贼或许利用洋流的信息定位，也可能利用海水中的化学信号定位，通过不断辨识海水样品确定迁徙过程。一个可能的解释是它们具有地磁感应功能，能够根据地球的电磁场确定方向。

一个有说服力的解释是巨型乌贼超强的视觉在定位中发挥着重要作用。它们具有超大的复眼，大脑中很大一部分也是用来处理视觉信号的。尽管它们只能识别黑白光，却也能识别平面偏振光。光线穿透大气时，会散射和折射，在一个平面上会发生振动，产生偏振光。当一天中太阳的位置发生移动时，整体偏振光模式也会发生改变，巨型乌贼可能是利用这些移动的太阳光线模式导航。

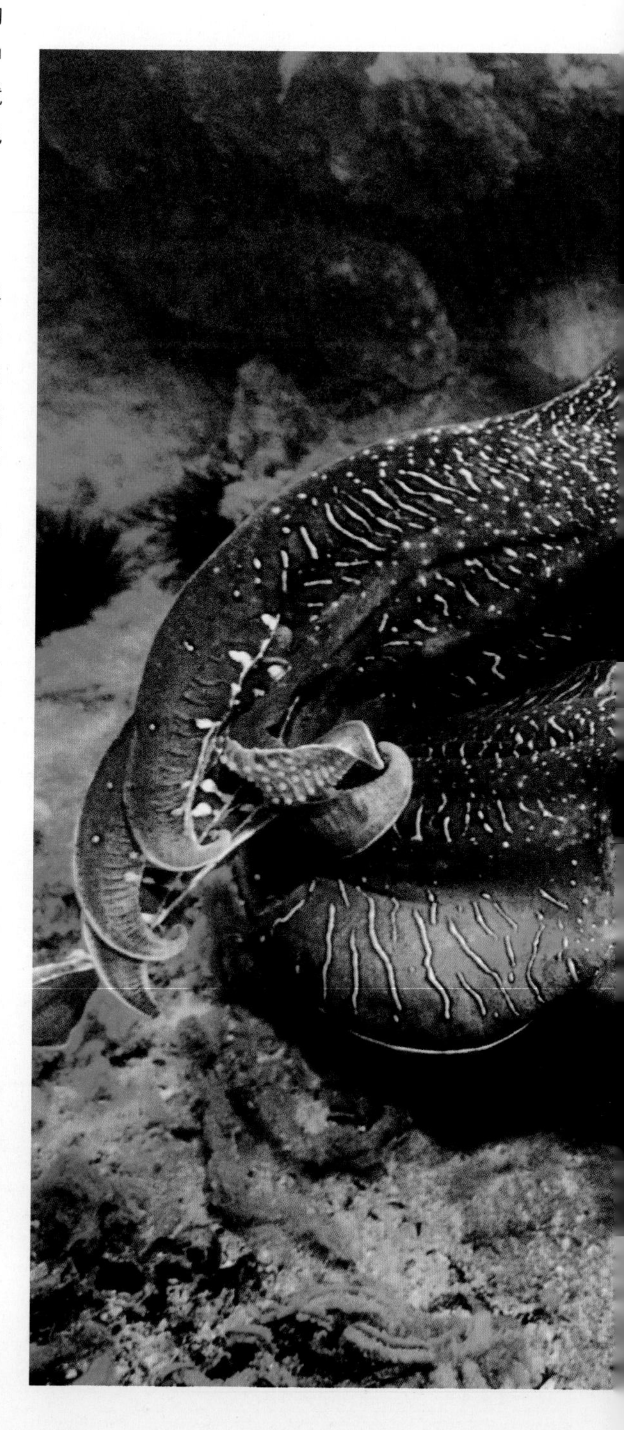

▼ 雄性巨型乌贼在暗礁上尽力搏斗，产生波浪状起伏的彩色条纹以吓倒对手

Migration by Air

空中迁徙

▲ 水鸟都是出色的迁徙者。这些加拿大雁会在秋季成群结队地从苔原繁殖区往南迁徙，它们沿着传统的候鸟迁徙通道到达气候更加温和的区域

从热带到两极的上空有无数条纵横交错的迁徙通道，这些通道在迁徙高峰时就像城市的高速公路一样拥堵。鸟类是最著名的空中旅行者——约有一半的鸟类进行规律性的迁徙。有些物种的迁徙距离只有若干千米，如沿着高山做上下的垂直运动，另外一些物种环绕地球飞行，还有些物种没有固定的迁徙路线而是四处扩散。其他伟大的飞行迁徙者还有蝙蝠和昆虫。在美洲和非洲的部分地区，能见到绵延若干千米的迁徙中的蝴蝶或蜻蜓群。

巴西犬吻蝠迁徙
分布范围
得克萨斯种群秋季迁徙路线

Mexican Free-tailed Bat
巴西犬吻蝠

◀ 巴西犬吻蝠是强大的迁徙者，它们飞得又快又高，在迁徙过程中会在树上和洞穴中休息。在本图中，高速闪光灯拍摄到一只正要离开其白天所栖息的树洞的犬吻蝠

犬吻蝠是蝙蝠中的长跑冠军。每年有数百万只犬吻蝠从墨西哥飞往美国西南部，形成大的聚居群。太阳落山后，蝙蝠会成群地在巨大的洞外盘旋，形成浓烟一样的“蝙蝠云”。

迁徙档案	
学　名	*Tadarida brasiliensis*
迁徙路径	部分美国种群冬季往南迁徙
迁徙距离	单程最长可达1 800千米
观察地点	得克萨斯州卡尔斯巴德巨穴；得克萨斯州奥斯汀国会大道桥
迁徙时间	8—9月

寒冷的冬季，空中缺少食虫类蝙蝠所需的食物，因此温带地区的蝙蝠会选择冬眠，直到第二年春季才醒来。博物学家曾经猜测所有温带蝙蝠都会冬眠，直到20世纪初人们才逐渐意识到蝙蝠也可能会迁徙。但是，直到20世纪50年代中期，环志研究才确切地证实了蝙蝠个体能从栖息的洞穴出发迁徙较远的距离。

如今我们已经知道在北美洲、欧洲和亚洲的蝙蝠中迁徙行为是普遍存在的。有些仅做短距离的迁徙，移动距离小于80千米，但有些迁徙距离在1 600千米甚至更远，它们的迁徙速度和导航技巧可以与鸟类相媲美。巴西犬吻蝠是我们对远距离迁徙的蝙蝠记录最为详细的。

定居和迁徙

和所有犬吻蝠科的物种一样，巴西犬吻蝠尾部的后半区缺少连接尾基和后腿的薄膜。巴西犬吻蝠名字前半部分的指向性并不强，因为这种蝙蝠分布在从美国俄勒冈州的南部，向东到堪萨斯州，向南经过得克萨斯州和墨西哥直到中美洲和南美洲北部的广大区域。在这一分布范围内，有一些蝙蝠种群全年定居在同一片区域，其余则是高度迁徙的。

在中美洲和南美洲分布的巴西犬吻蝠多半是定居者。生活在美国部分地区的巴西犬吻蝠也是定居者，如俄勒冈州和加利福尼亚州的种群所在的栖息地冬季气候较为温和，犬吻蝠能够通过在温暖的建筑物中躲避严寒，或者进入短期休眠状态而存活下来。但是在美国其他地区繁殖的巴西犬吻蝠，包括得克萨斯州这一最大数量的种群发现地，也只在春季和夏季的少数几个月份出现。它们在2月底到达这些地区，并在10月底和11月初再次往南迁徙。一些个体迁往墨西哥西部，但多数个体会继续往南和往东迁至塔毛利帕斯、科阿韦拉和新莱昂等州。

巴西犬吻蝠在迁往南方的过程中通常会在途中停留以错开它们的迁徙进程。它们的迁徙之旅可

▼ 在一群观众的注视下，数千只巴西犬吻蝠从得克萨斯州奥斯汀的国会大道桥下蜂拥而出，它们栖息在桥底下的裂缝中

城市中的蝙蝠

巴西犬吻蝠在美国命运多舛。由于人类的迷信和恐惧，以及它们身体携带狂犬病毒，巴西犬吻蝠长期以来都遭受捕杀。由于产崽育幼区被堵塞或破坏，巴西犬吻蝠从许多曾经的分布区消失。如今，这些蝙蝠却正在受益于人类变得友好的态度。蝙蝠观光业正在逐步发展，人们不仅可以在固有的区域如得克萨斯州的卡尔斯巴德洞穴看到蝙蝠，也可以在许多意料之外的地区看到蝙蝠。世界上最好的观看巴西犬吻蝠的地点之一是在奥斯汀市区，在市区的国会大道桥有一个繁荣的群体，约有150万只蝙蝠在大桥下方的裂缝中度过夏季。每年蝙蝠观光业给奥斯汀带来约500万英镑的收入。其他大型城市的蝙蝠观光地包括休斯敦的沃街大桥和加利福尼亚州萨克拉门托附近的尤洛河堤，而且多个美国城市已将“对蝙蝠友好”这一理念纳入新的市政工程项目中。

能会包括在不同的蝙蝠洞之间的短途旅程。但它们是强大的飞行者，能在必要时快速飞行。它们长长的细窄薄透的翅膀使得它们能够在夜间以独特的方式轻快迅速地追逐飞蛾，有时会飞至海拔非常高的高空。研究人员使用多普勒雷达对得克萨斯州圣安东尼奥附近布兰肯洞穴的蝙蝠进行追踪，得出了惊人的结果，巴西犬吻蝠在6月份会飞至3 000米的高空，追逐跟随盛行风的刚孵化的棉铃虫幼虫。如果蝙蝠能够在高空捕食，那么它们也可能在高空迁徙，在几百甚至数千米的高空顺风飞行。因为长距离迁徙要耗费很多的能量，所以任何能够加快蝙蝠飞行的因素都至关重要。

母性聚居群

巴西犬吻蝠在夜间迁徙，想要观察到它们异常困难，因此它们以形成巨大的母性聚居群——世界上最大的温血动物群——而闻名则一点也不让人吃惊。已知最大的巴西犬吻蝠聚居群位于得克萨斯州圣安东尼奥附近的布兰肯洞穴，约有2 000万只。过去在因为杀虫剂和故意捕杀而造成北美洲蝙蝠数量急剧下降之前，还有其他被称为“粪洞”的类似规模的蝙蝠聚集地。

雌性巴西犬吻蝠独自抚养唯一的幼崽，因此母性聚集群通常只有少量雄蝙蝠，这些雄蝙蝠在附近单独的“单身汉”洞穴中睡觉。每年夏季到达得克萨斯州的蝙蝠群的独特之处在于成年雄蝙蝠比例很小，而且都不大热衷于交配。这一种群中多数成年雄蝙蝠似乎并不迁徙至得克萨斯州，而是待在墨西哥，每年在往北迁徙之前完成与雌蝙蝠的交配。

Straw-coloured Fruit Bat
黄毛果蝠

▼ 白天，黄毛果蝠聚集在高树上，一边进行交流，一边消化前夜吃下的食物

黄毛果蝠集结成数百万只的大群，夜间秘密穿越非洲热带区域。这些从许多不同区域来的黄毛果蝠会飞越数百千米甚至更远到达同一个临时栖息的洞穴，在这里，它们会在夜间外出采食当地的果子。

迁徙档案	
学　名	*Eidolon helvum*
迁徙路径	去往和离开季节性栖息地
迁徙距离	单程最长可达2 000千米
观察地点	赞比亚卡桑卡国家公园
迁徙时间	11—12月

黄毛果蝠由背部和肩部金色的软毛而得名，是

非洲大陆体形最大的蝙蝠，平均翼展可达80厘米。它们的体形较大，更适应长距离迁徙，却没有高超的飞行能力——这是探寻它们迁徙方式的第一个线索。另外，黄毛果蝠长而宽的翅膀使它们具有高翼载荷（翼面积与体重之比），这对于远距离迁徙来说非常理想，但并不适于精确移动。因此，它们只能在林冠或孤立的树的外层枝丫采食。

黄毛果蝠的繁殖区横跨非洲赤道地区，它们结成数千只的大群，在发臭的树顶栖息。它们通常待在城市的街道或瀑布附近，一个有趣的可能的解释是噪声可能在某种程度上帮助它们成功繁殖。它们全年的大部分时间都在这些繁殖地生活，但每年有3个月会毫无征兆地抛弃这些繁殖地。研究人员对乌干达坎帕拉一个超大的黄毛果蝠的户外栖息地长达3年的研究表明，果蝠的数量从之前最大的21万只锐减至不到1万只。黄毛果蝠显然进行了同步迁徙，但迁往何处和为何迁徙却一直是个谜。

水果大爆发

美国生物学家海蒂·里克特在赞比亚卡桑卡国家公园的研究表明，黄毛果蝠神秘失踪可能是由它们通常的采食地外的一个局部地区的水果大爆发引起的。她将这种现象形象地比喻为一种生态学“大爆炸”。卡桑卡国家公园的许多树木，包括薄桃和异态木，都在9—12月的湿季结果。对于在公园定居的果蝠和其他动物来说，这么多水果大丰收使得短期内食物太过丰富了，而太丰富的食物则会吸引远方的动物迁徙至此。每年有500万～1 000万只黄毛果蝠聚集在卡桑卡国家公园，短期内形成了非洲大陆上最大的哺乳动物聚集群。

黄毛果蝠会在水果产量达到高峰时到达卡桑卡国家公园，有力地证明了食物的突然爆发是黄毛果蝠迁徙的主要原因。大群黄毛果蝠通常在10月底开始到达卡桑卡，并在随后的3周内数量猛增。它们的离开会更加迅速。事实上，所有的黄毛果蝠都会在

12月底或次年1月上半月的一周内离开。

拥挤的蝙蝠洞

卡桑卡国家公园的黄毛果蝠群栖息在常绿沼泽森林的两条短的延伸处。清晨，果蝠结束一夜的采食后，返回高高的树上挤成一团睡觉。休息中的果蝠举手就能捉到，科研人员调查后发现，它们中有些雌蝙蝠已经怀孕，而且处于不同的怀孕阶段。由于同一片繁殖群的雌蝙蝠倾向于同时产崽，这就表明卡桑卡国家公园的这些蝙蝠来自非洲赤道的不同地区。不同繁殖种群的个体相互混群对物种来说非常重要，因为蝙蝠如果在这些栖息地寻找配偶和交配，将能显著扩大基因库。

为了确定这些果蝠离开卡桑卡国家公园后去往哪里，科研人员在一些果蝠身上安装了定制的环志，环志上配备有微型卫星信号发射器。尽管有很大的不确定性，但追踪的结果显示卡桑卡国家公园的部分蝙蝠会迁徙非常远的距离。有一只雄性果蝠的信号在刚果民主共和国中断，它在6个月的时间内迁徙了1 900千米。未来将需要记录更多的带有标记的黄毛果蝠来绘制它们的迁徙路径。另外，非洲稀树草原上还有许多其他的临时栖息地等待我们去研究。

森林的守护者

果蝠只能在非洲、亚洲和澳大拉西亚的热带地区生存，共有约175个种组成一个单独的亚目——大蝙蝠亚目，它们中有许多都已知有迁徙行为。但是黄毛果蝠的季节性运动可能是最引人注目的，果蝠作为传粉者和种子传播者在森林和热带稀树草原生态系统中具有重要的作用。

▼ 黄毛果蝠的迁徙受非洲大陆水果长势的季节性变化所驱动，而水果的长势又取决于年降雨量

Snow Goose
雪雁

每年秋季，600多万只雪雁会南迁以躲避苔原的冰冻期。它们以家族为单位在高空飞行，一些家族群会结成巨大的数千只的大群，不停地快速拍打翅膀在天空中盘旋飞翔。

迁徙档案	
学　名	*Chen caerulescens*
迁徙路径	从北极繁殖区域迁往温带越冬区
迁徙距离	单程2 000～5 000千米
观察地点	美国南达科他州桑德湖国家野生动物保护区
迁徙时间	3—4月和10—11月

数量巨大的雪雁群是世界上最壮观的野生动物奇观之一，它们不停鸣叫的喧闹声也同样令人难忘。每年的春季和秋季，雪雁最大的聚群出现在美国中西部湿地固定的候鸟迁徙路线上的停歇点。有些停歇点雪雁数量非常惊人——1991年4月，约有120万只雪雁聚集在南达科他州桑德湖；1995年11月，有80万只雪雁聚集在爱达荷—内布拉斯加边界附近的德索托国家野生动物保护区。

小雪雁和大雪雁

雪雁有两个亚种：小雪雁和大雪雁。小雪雁是迄今为止分布最广、数量最多的鸟类，一个繁殖种群数量至少有500万只，从北冰洋的一个隶属俄罗斯的岛屿——弗兰格尔岛，向东横穿加拿大的北部直到哈得孙湾西海岸的苔原区都有分布。多数小雪雁在墨西哥北部和密西西比河三角洲之间，以及加利福尼亚中部的沼泽和低洼的耕地越冬。而大雪雁的分布区则更靠东，数量在100万只左右，它们中的大多数在巴芬岛和格陵兰岛繁殖，再飞往美国大西洋海岸中部越冬。

正如它们名字所描述的那样，雪雁通常是全身纯白色，羽尖呈黑色。但在小雪雁群中通常会有一些深青灰色的个体，它们被称为“蓝雪雁”。这些深色个体曾被认为是单独的物种，现在我们知道这

在头顶以“V”字形飞过的雪雁是迁徙的象征。这种迁徙队形能够节省体力，同时共享导航信息

是颜色变异或不同发育阶段的颜色差异，它们的色彩都是由单个基因控制的。

家庭纽带

雪雁在2～3岁时会选择配偶，之后相伴一生，极少分开。它们以大的繁殖群筑巢，雌雪雁一同产卵。这是对付主要捕食者——北极狐的最有效办法，雪雁的卵太多以至于北极狐都偷不过来。这也保证了幼鸟的孵出时间与苔原最富饶的季节相吻合，那时大片的青草和苔草为幼雁提供了充足的食物。幼雁出生后七周内，就开始它们的首度短暂而犹豫不决的飞行秀。北极的夏季过去后，雪雁就离开繁殖地，在湖边或河流三角洲集结成焦躁不安的大群。有研究者提出它们8—10月间从北极出发的迁徙可能受到逐渐缩短的昼长驱使，但这一理论尚未得到证实。

每个家庭在往南迁徙的途中都会待在一起，双亲和幼鸟会不断鸣叫来保持联系。许多不同家庭的

雪雁会聚集成数百只甚至数千只的大群，通常多个大群会结伴前行，最终形成多达3万只雪雁的迁徙群。有时迁徙的雪雁群太大以至于飞机的航线都会受到极大的干扰，加拿大马尼托巴省温尼伯的机场在雪雁经过时会被迫暂时关闭。

拥挤的航线

雪雁昼夜都可以迁徙，通常沿着海岸做900米的高空飞行，偶尔会飞得更高；雷达监测的结果显示，一些雪雁群的飞行高度可达6 000米。雪雁群以波状起伏的形式飞行，在不同的高度上下波动，这种独特的行为为它们赢得了一个亲切的绰号——“波动者”。

雪雁和其他迁徙的水鸟一样，会根据地表景观特征，在固定的迁徙航线上飞行。生活在哈得孙湾的小雪雁种群数量最多，它们利用密西西比候鸟迁徙通道在哈得孙湾的繁殖地和墨西哥湾的越冬地之间来回迁徙。有些雪雁完成这一飞行迁徙仅仅休息几次，但在秋季大部分雪雁会停下来休息多次，每次长达数天或数周，直到恶劣的天气或食物缺乏迫使它们重新前行。春季时由于雪雁已经取食数周，迁徙得会更快。雄雪雁通过采食废弃的玉米积存一定的脂肪，为随后的迁徙和在依然寒冷的苔原度过头几周做准备；而雌雪雁直到25天的孵化期过后才会进食。换句话说，雪雁到达目的地时，不仅没有筋疲力尽，体内反而还存有充足的能量。

结队飞行

迁徙的雪雁都结成“U”“V”“W”字形飞行。结队可以保证每只鸟都能在队伍前面的个体形成的气流中飞行，这样阻力最多可减少40%，通过这种方法能够减缓心律，节省能量。队伍中的每个雪雁都有很好的视野并可在能见度高的空中飞行，它们不会被其他个体拍打翅膀形成的涡流所影响。队首的雪雁通常是年长的个体，它们需要卖力地工作，但好在队首的个体会频繁地更换。

▼ 一只雪雁正在北极苔原上孵卵。它的面孔由于夏季青草类食物中的铁元素含量较高而泛出橙色

Tundra Swan
小天鹅

▼ 每只小天鹅都天生有迁徙的本能，并在季节性迁徙的过程中不断利用沿途的信号提高定向能力

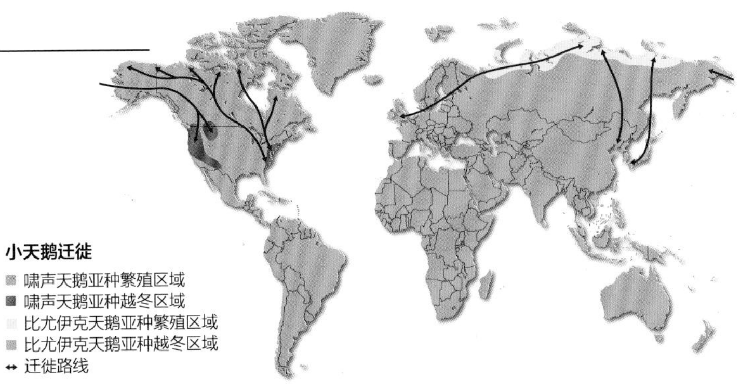

小天鹅是天鹅中最强的迁徙者，它们飞行极远的距离往来于遥远的北极繁殖地。它们结成一生的配偶对，并且年复一年孜孜不倦地在同一片歇脚点和越冬地出现。

迁徙档案	
学　名	*Cygnus columbianus*
迁徙路径	从北极繁殖区域到温带越冬区域
迁徙距离	单程2 500～5 000千米
观察地点	美国、加拿大的五大湖地区南部；美国蒙大拿州弗雷佐特湖
迁徙时间	3—4月和10—11月

春雪融化后，许多鸭、雁和天鹅受到白昼逐渐变长以及苔原植物和无脊椎动物大爆发的驱动，

迁往北极的池塘去抚育幼鸟。迁徙的水鸟群中会有成千上万只小天鹅，当它们以家族群的形式飞过人们头顶时，人们能听到它们尖锐的真假声互换的鸣叫。它们的召唤鸣叫在北半球是季节更替的确切信号，这看来是表现了迁徙本身永不停歇的精神，在挪威和美洲原住民族中，神话具有重要的作用。

小天鹅有两个外观相似但分布区截然不同的亚种。一个有时被称为“啸声天鹅”的亚种在阿拉斯加州东部和加拿大魁北克省北部繁殖，而另一个亚种“比尤伊克天鹅”则在西伯利亚最北部繁殖，这一亚种以英国版画家托马斯·比尤伊克（1753—1828）命名，他编写了英国观鸟的早期野外指南。这两个亚种都可以再分为西部和东部种群，分别有各自的传统迁徙路线、临时停歇点和越冬区域。

广义上讲，北美洲的小天鹅秋季沿着太平洋或大西洋海岸往南迁徙，以大群的形式迁往华盛顿州和加利福尼亚州的海岸或东海岸的切萨皮克湾。它们最大的停歇地在大草原北部和海拔较低的五大湖地区。西伯利亚的种群则明显分为东部和西部两个迁徙群体：西部群体在白海停歇，之后迁往欧洲西北部，尤其是英国和爱尔兰；东部群体则迁往日本和中国。

习惯的产物

小天鹅是非常恒定的迁徙者。它们每年冬季和迁徙时使用的沼泽海岸、具有良好隐蔽性的海湾、湖泊和肥沃的平原，多数自人类有历史记录起就有它们的身影，有些甚至可追溯至15 000年前的上个冰期。它们表现出来的这种超乎寻常的归巢本能——迁徙动物返回特定地点的倾向——很有益处，毕竟，熟悉某一片区域就意味着它们了解最佳采食地并可以找到最安全的巢址。

小天鹅与其他天鹅及雁类一样，迁徙模式是世代相传的。小天鹅的寿命较长（寿命最长的纪录是一只来自西伯利亚的36岁的个体），它们在2～3岁时达到性成熟，幼天鹅在6月或7月初孵化后会跟随父母最多10个月时间。每个家庭都会一同往南迁徙，从而保证幼天鹅能够学习并记住迁徙路径。家庭群在越冬时仍旧维持在一起，在春季返回北方时依然如此。到达繁殖地后，未成熟的天鹅会被父母赶走，它们通常和其他不参与繁殖的个体结成大群，一同迁往公共采食地和换羽地。但是夏末时，未成熟的天鹅通常会重新加入有新生小天鹅的父母的群体，最终以这种“超级家庭群”为单位迁徙。这种扩展的家庭群有时会包含三个繁殖季的幼天鹅。

独特的模式

20世纪60年代中期，保护生物学家彼得·斯科特（1909—1989）在英国对小天鹅进行的一项先驱性研究发现，每只小天鹅鸟喙的标记物都有些许不同，鸟喙上黑色和黄色的排列模式是独特的，这使斯科特用肉眼就能识别研究区的小天鹅个体。数十年来，由斯科特创建的野生鸟类与湿地基金会（WWT）已经将这一数据库扩展到记录每只天鹅的生活史，包括秋季到达和春季离开的日期、行为、食性、配偶选择和繁殖成功率（由后代个体数衡量）。

▲ 小天鹅以家庭为单位迁徙，秋季时成年天鹅带领幼天鹅完成首次南迁，春季时再返回北方

◀ 比尤伊克天鹅独特的鸟喙图案使研究者能够对特定个体的往来迁徙进行跟踪

高空飞行者

小天鹅是强大而坚定的迁徙者，它们日夜迁徙。有人计算过，它们身体携带的脂肪能够保证连续飞行1 500千米，相当于以60千米的平均时速飞行24小时。小天鹅通常在低于450米的空中飞行，以减少冲上高空的能耗，同时结成紧密相接的队伍以获得最大的空气动力学效应。科学家将小天鹅的无线电跟踪数据和气象学记录对比后发现，小天鹅会耐心等待最合适的飞行时机——在旅行途中作有效的停留，直到有合适的顺风帮助它们集体起飞，再开始下一段旅程。

Wave Riders
弄潮儿

▲ 在水面上空最有效的飞行技巧是动态翱翔。①一只信天翁冲进风中借机上升，②改变路径③尽可能长时间顺风滑翔，④之后在下降至海面时，会就近借助海浪产生的上升气流再重复这一过程

世界上的21种信天翁中有17种生活在南半球。南大洋并不适合生物居住，这里整日有凛冽的大风和高耸的巨浪，但是信天翁却能利用这一严酷的环境，借助大洋的能量连续翱翔数小时。

水手很早就使用“咆哮西风带”和“愤怒西风带”来命名巴塔哥尼亚、好望角和澳大利亚以南的狂暴海洋。由于几乎没有陆地来减弱空气流动，这里是地球上风力最大的区域。在帆船航海的全盛

一只漂泊信天翁落地后，正在做问候展示。和信天翁科的其他物种一样，这一物种在偏远的海岛繁殖

▶ 上图：信天翁是真正的远距离飞行者。它们具有以较低的能耗快速滑翔的本领。一种特殊的肌腱使它们能将身体两侧往外延伸的翅膀保持固定的姿势

▶ 下图：这张在天空中翱翔的灰头信天翁的照片展示了这些水鸟最不同寻常的翼展。一些信天翁会规律性地环绕地球飞行来寻找食物

期，快速帆船能够借助风力以最快的速度在南方的海域环绕地球一周。对鸟类来说也一样，较高纬度地区无休止的大风使鸟类能以极快的速度移动极远的距离，信天翁是所有生物中最能适应风力滑翔的物种，它们能滑翔数千千米甚至更远去寻找它们的主要食物——乌贼。

信天翁在鸟类中翅膀最长——信天翁科最大的物种漂泊信天翁翼展约3.5米。它们的翅宽在滑翔时会降至最小来减少飞行时的阻力。这些形体优雅的大鸟是出色的飞行者，能够以55千米的平均时速一口气滑行12个小时。为了节省体能，它们会掠过海洋表面，借助海浪上方的上升气流飞升。信天翁滑行时借助一个个上升气流，几乎不用拍打翅膀。但是信天翁的身体结构并不适合在飞行时连续拍动翅膀，在极少数情况下，当风力减弱时，它们必须在海面休息。这意味着这些南半球的物种极少穿越赤道，因为赤道上空有一个平静无风的“赤道无风带”。

Short-tailed Shearwater 短尾鹱

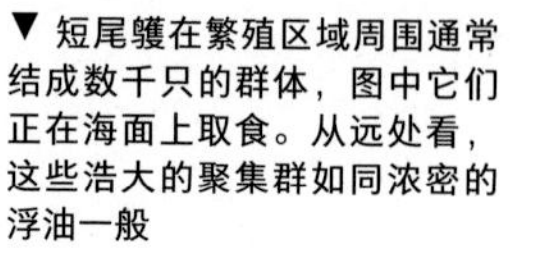

▼ 短尾鹱在繁殖区域周围通常结成数千只的群体，图中它们正在海面上取食。从远处看，这些浩大的聚集群如同浓密的浮油一般

短尾鹱迁徙

- ■ 繁殖区域
- ■ 迁徙区域
- → 迁徙路线
- • 巴斯海峡

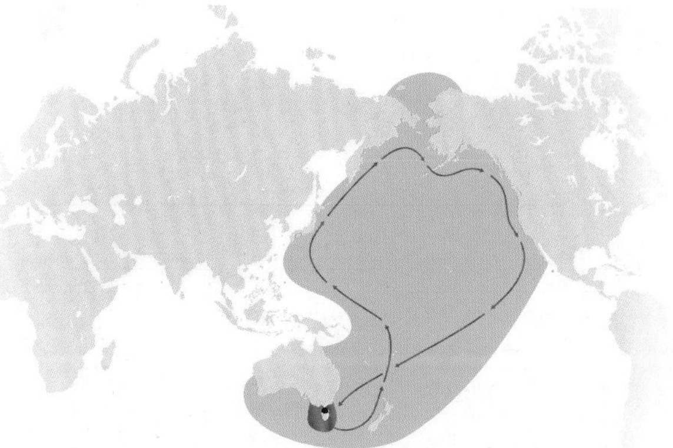

迁徙档案	
学　名	*Puffinus tenuirostris*
迁徙路径	环绕太平洋做顺时针迁徙
迁徙距离	11 250～16 500千米
观察地点	澳大利亚大陆和塔斯马尼亚之间的巴斯海峡
迁徙时间	11—12月

紧贴海面波浪的上方翱翔，短尾鹱这种不知疲倦的海洋游荡者一生会飞行极远的距离，它们每年的迁徙线路几乎横跨整个北太平洋，6个月的迁徙之旅也是鸟类当中迁徙时间最长的。

短尾鹱在海面上空滑行时异常高效：它们长而窄的翅膀能够以较快的速度连续滑行数小时，每个翅膀上都有曲面形成类似机翼的轮廓来产生上升力。它们也是强大的游泳健将，在水下使用翅膀作为推进器，通常在海面采食磷虾和其他甲壳类动物。但在陆地上的运动缓慢且笨拙，面对捕食者时非常脆弱。因此，它们只在夜间着陆，并在洞穴中筑巢保护自己。

返回陆地

地球上的成年短尾鹱约有2 300万只，全部聚集在澳大利亚南部的海面繁殖。在开阔的岛屿和海角

拥挤的栖息地筑巢，每年约有6个月的时间，短尾鹱都是这一区域数量最多的海鸟。它们大多聚集于澳大利亚大陆和塔斯马尼亚之间风多、水浅的巴斯海峡。在海峡东部的费希尔岛上，半个多世纪以来，鸟类学家已经系统地监测了一个约有100～200对鸟的小型聚集地中每只鸟的筑巢情况，发现短尾鹱对自己的繁殖地信守不渝：从这里孵化的小鸟中超过40%会再返回同一片小区域进行繁殖。

成群的短尾鹱9月中旬开始到达近海，9月底聚居地就会被占满。每年短尾鹱到达的高峰时间几乎稳定不变——这种同步性对这种广泛分布的迁徙水鸟来说非常与众不同。11月的最后一周，每对短尾鹱产下一枚卵，卵的孵化期约为53天。父母双方向南迁徙到距南极冰盖80千米的区域为雏鸟捕鱼，这一旅程将持续17天，而幼鸟则依靠半消化的鱼和磷虾快速生长。

经过10周的大量采食，这些肥胖的幼鸟体重可以达到父母体重的两倍。每个短尾鹱群都有数百甚至数千只肥胖的油脂含量高的幼鸟，它们成为当地居民非常重要的蛋白质来源。这些被称为“羊肉鸟”的短尾鹱幼鸟一向是塔斯马尼亚居民稳定的食物来源，每年约有20万只幼鸟被捕杀。

海上长途漂泊

成年短尾鹱4月初会离开栖息地，开始穿越赤道

迁徙的第一程，从塔斯曼海迁往新西兰西部。那些没有亲鸟照顾的短尾鹱幼鸟越来越饿，逐渐瘦到最佳的飞翔体重，同时长出第一副飞羽。饥饿驱使它们到洞穴外寻找食物，并锻炼羽翼，在父母离开后的2～3周内飞往海洋。对它们来说，学习显然在迁徙过程中毫无作用，它们在没有任何有经验的个体相助的情况下，完全靠本能导航。

短尾鹱会围绕太平洋做非凡的迁徙，花费6～7个月的时间完成一次巨大的环形之旅。在迁徙的最初阶段，它们飞越菲律宾，沿着东亚和俄罗斯堪察加半岛的海面，到达北美洲西海岸，之后再沿着海岸往南到达加利福尼亚，最终横穿太平洋中部往西南方向飞行，并返回澳大利亚。在这一环形迁徙路径的每一个阶段都可利用盛行风和季节性变换的食物供应优势。许多短尾鹱在白令海冰冷高产的浅海区域度夏，在那里，数量众多的毛鳞鱼和北极磷虾是短尾鹱的主要食物。在更北的北冰洋浮冰上，有时也能见到短尾鹱。

短尾鹱的平均寿命为15～19年，每年通常迁徙14 500千米，这样在死亡时，它们可能已经迁徙了约246 500千米，这还不包括它们在繁殖地的短途采食之旅。有记录的年龄最大的短尾鹱个体是38岁，它的迁徙里程长度大约是上面数字的两倍多。

▼ 短尾鹱的嗅觉非常灵敏，在海面掠过时，能感知遥远海域里食物的微弱气味

管鼻鸟

鹱、海燕和信天翁由于喙的独特形状而被统称为“管鼻鸟”。其他多数鸟类的鼻孔都是不外露的，只是喙底附近的一对小孔，而这些海鸟则有大型的管状外鼻孔，通常会形成明显的脊状。这种发达的鼻腔是管鼻鸟的一个明显标志。与地球上多数陆地鸟类不同的是，管鼻鸟的嗅觉非常灵敏，尤其对动物脂肪的气味非常敏感，它们能感知漂浮在很远的海面上的食物。当渔船扔出鱼的内脏，或有死亡腐烂的鲸鱼在海面上漂浮时，这些海鸟就会成群地突然出现。管鼻鸟依靠嗅觉识别筑巢地，那么它们是否也靠嗅觉来做远距离导航呢？也许吧，但多数鸟类学家仍然怀疑它们的嗅觉能否如此有效。

Manx Shearwater
大西洋鹱

▼ 大西洋鹱降至海面休息和交流，尤其是清晨准备上岸时，但它们的迁徙通常以较快的速度进行，在迁徙途中极少停歇

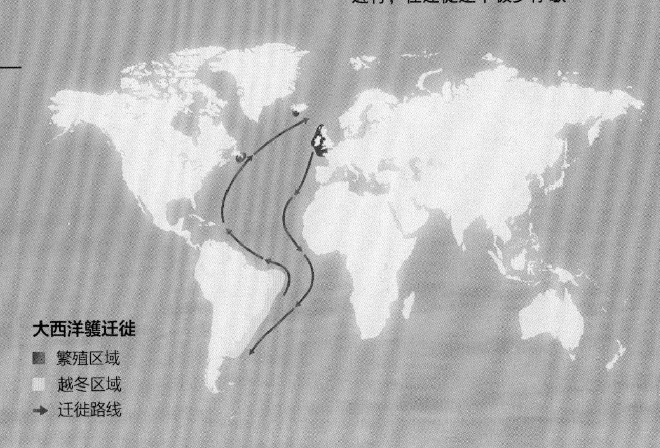

一只10周大的大西洋鹱可能只需两周多的时间就可以穿越大西洋到达越冬区。它们完全凭借本能定位，越过空旷的海洋，之后再返回出生的岛屿参与繁殖。

迁徙档案	
学　名	*Puffinus puffinus*
迁徙路径	环绕北大西洋迁徙
迁徙距离	单程8 500～13 000千米
观察地点	英国威尔士的斯科默岛
迁徙时间	5—6月

大西洋鹱的寿命最长可达50岁，除去在繁殖季

节的短暂登陆之外，成年个体几乎在海洋上度过一生。这些轻盈的、长着长长翅膀的以鱼为食的鸟类完美地适应了海洋环境。它们甚至能够饮用海水，通过特有的盐腺处理海水，把不需要的盐分通过鼻孔排出体外。更让人惊叹的是，它们可以通过快速精确的定位，穿越广阔无边的海洋。

对大西洋鹱标记重捕的实验表明，在合适的顺风条件下，这一物种能够在2～3周内从大西洋东北部的繁殖地飞到南美洲东部热带海域的越冬地。大西洋鹱的幼鸟天生就有这种非凡的能力。曾有一只刚会飞的雏鸟在威尔士被装上环志，16天后在巴西南部海域被发现，此时它已经死亡3天了。它每天飞行约740千米，累计飞行了约9 600千米。因为要保证如此快速的飞行，大西洋鹱不会将时间浪费在其他事情上，它们可能在脑中存有迁徙线路图，来帮助它们精确定位。

奇怪的合唱

70%的大西洋鹱都去往3座小型岩石岛繁殖：苏格兰西北部的拉姆岛约有10万对，临近的威尔士西海岸的斯科默岛和斯科克霍姆岛约有13.5万对。夜间当大西洋鹱结束采食之旅返回栖息地时，漆黑的夜空中就充满它们刺耳的尖叫声。这些尖叫声使得11世纪的海盗们认为拉姆岛上有巨人居住。

繁殖期的大西洋鹱——那些6岁以上的个体会在3月重新占领栖息地。雄鸟清理洞穴，在那里和一生

▶ 大西洋鸌是空中的主人，但在陆地上却看起来相当可怜，它们通常会缩成一团

鼠类的威胁

在陆地上，大西洋鸌是大型捕食性海鸟（如大黑背鸥和北贼鸥）的袭击目标。为避开这些昼间活动的捕食者，多数大西洋鸌会在夜间登陆。但这对夜间活动的哺乳动物猎食者来说就毫无作用，尤其是偷蛋的鼠类。由于这个原因，大西洋鸌只在难以到达的无鼠小岛上生存。

◀ 一群大西洋鸌在飞行时，白色的下体和黑色上体之间的变换会产生独特的“闪烁效应”

的配偶相遇（少数个体，通常是那些前一年抚养幼鸟失败、与配偶分开的短尾鸌，它们会另选新的配偶）。到5月中旬每只雌鸟会产下一枚约占其身体重量15%的卵，父母双方在接下来的7～8周内轮流孵卵，它们中的一只会待在洞穴中孵卵，而另一只则外出觅食数天。这种行为在幼鸟孵出后也会继续，但随着幼鸟长大，父母双方都要外出捕鱼才能满足幼鸟的“好胃口”。

胖鸟宝宝

许多海鸟的幼鸟都能迅速增加体重，大西洋鸌也是，它们幼鸟的体重最高可达父母体重的1.2倍。厚厚的脂肪层使得它们在8月或9月离开洞穴后可以立即迁徙，并有助于它们最终到达目的地。它们在漫长的迁徙之旅中可以不用再进食——这对没有经验的幼鸟来说是个很大的优势，因为它们在食物匮乏的大洋中很难找到充足的食物。

大西洋鸌的幼鸟在海上度过第一年，从第二年夏季开始它们就返回出生地。它们有着很强烈的归巢本能——即鸟类个体返回出生地的倾向。20世纪50年代，研究者实施了一项著名的“转移实验”，在这项实验中，威尔士出生的大西洋鸌幼鸟被用飞机带至美国马萨诸塞州的波士顿放飞并进行跟踪，结果发现其中一只幼鸟在不到13天的时间内飞行了4 900千米，穿过大西洋返回了斯科克霍姆岛。

对猛鸌的最近一项研究表明，即使在猛鸌的头部和翅膀上附上磁铁，破坏它们感知地球磁场的能力，它们仍能找到家园。鸌科的部分物种似乎不靠地磁信号定位，而是另有一套寻家的定位系统。

European White Stork
白鹳

白鹳迁徙

■ 繁殖区域

■ 越冬区域

➔ 秋季迁徙路线

白鹳会在地中海沿岸的狭窄地带集结成群，一同迁徙

传说中白鹳是人类婴儿的运送者，数千年来它们在欧洲一直被视为繁殖力的象征。许多节日也是为了纪念每年春季这些高贵的鸟类以超大群离开非洲，在欧洲重新出现。

迁徙档案	
学　名	*Ciconia ciconia*
迁徙路径	从欧洲繁殖地迁往非洲越冬区域
迁徙距离	单程2 000～10 500千米
观察地点	土耳其博斯普鲁斯海峡
迁徙时间	8月中旬至9月中旬

每年春季和夏季，白鹳在欧洲南部、中部和东部都较为常见。它们或展翅在高空呼啸而过，或在耕地或沼泽中大幅度奔跑寻找猎物，用匕首形的血红色喙吞下食物。它们受益于远古以来和人类的联系，十足的随遇而安，不在树上安家，而是在安全方便的屋顶和塔顶筑巢。如今它们利用各种人造建筑来造窝，包括烟囱、道路指示牌、塔桥以及广播信号塔等，最偏爱的是教堂的尖顶。

和人类的亲密关系

在西班牙和欧洲东部的部分地区，几乎每座大教堂和小教堂都有一对筑巢的白鹳，因此有评论指出天主教会可能是历史上最成功的鹳类保护组织。这些地区的居民也对“他们的这些鹳类”有着深厚的感情。白鹳在4月初的第一周到达，8月底迅速离

开。由于已经习惯了这种保护，鹳类通常会在塔下方的街道，甚至是繁华的城镇中心展示它们持续时间很长并伴随着咯咯叫声的求偶与育幼活动。

对白鹳的环志研究表明，虽然传统观念中鹳类会结成一生的配偶，并在每年春季在同一巢穴再次相遇的说法有一定的可信性，但白鹳个体对巢穴的信守程度要高于对配偶的信守。因此，一个巢穴通常会被多个世代的雌鹳和雄鹳使用，旧的巢穴会越来越大，成为巨大的树枝堆，有的甚至能达半吨重。

东部种群和西部种群

多数白鹳会到撒哈拉以南的非洲越冬。和其他迁徙的鹳类、鹤类、鹈鹕和世界上多数猛禽一样，白鹳主要靠翱翔迁徙。它们宽阔的翅膀非常适应搭乘热气流，使得它们即使有过高的体重，也能乘着热气流毫不费力地盘旋而上。鹳类的翱翔非常高效，无须为迁徙积攒脂肪——迁徙飞行只比通常的日常活动花费稍多的能量。但是由于热气流在水面上无法形成，它们也就无法做长距离的海上飞行。

鹳类沿着两条迁徙通道往来非洲。白鹳的西部种群往南越过西班牙，在直布罗陀海峡穿过地中海，海峡只有短短的8千米宽。而数量是西部种群10倍多的东部种群则往东南穿过欧洲，在博斯普鲁斯海峡进入土耳其的亚洲部分，之后沿着地中海东海岸经过以色列和西奈半岛到达非洲。

欧洲白鹳在白天温度较高时飞行，这时热气流最强，它们会结成超大群沿着这些狭窄的迁徙通道飞行——一个在博斯普鲁斯海峡经过土耳其首都伊斯坦布尔的白鹳群大小在11 000只左右。而秋季在长达一个月的迁徙之旅中，共有约350 000只白鹳经过博斯普鲁斯海峡，有35 000只白鹳越过直布罗陀海峡。一旦到达非洲，白鹳还要迁徙数百千米甚至更远到达越冬地，而非洲炎热的气候会产生足够的热气流，这样它们能够快速往前移动。

白鹳的研究

20世纪90年代中期以来，白鹳的研究者开始在白鹳身体上安装太阳能驱动的平台发射终端，这种发射器比电池驱动的装置寿命更长。从卫星信号发射器得到的数据显示白鹳在非繁殖季是高度游动的，在不同的年份可能在非洲的不同地方越冬。一只安装了发射终端的长寿雌性白鹳已经被连续追踪了10年，在此期间，它已经在非洲和德国繁殖区域之间来回迁徙了6趟。这是迄今为止使用卫星信号跟踪系统对动物个体进行追踪时间最长的纪录。

◀ 许多当地居民会在屋顶上搭建平台，为白鹳筑巢提供方便

Osprey
鹗

▼ 迁徙的鹗在富饶的猎食场所停留捕鱼

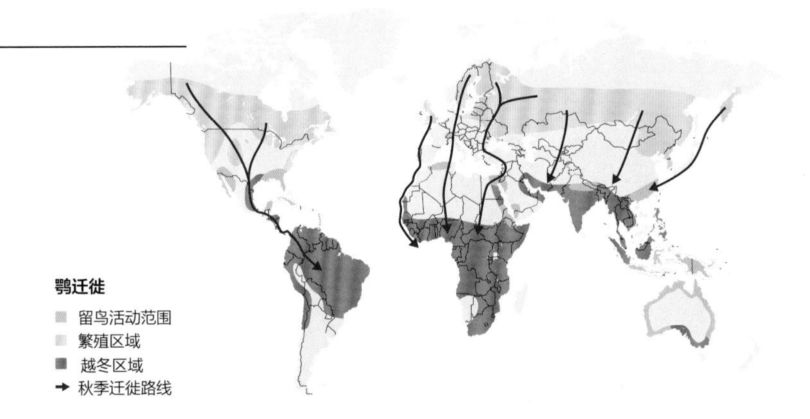

鹗是姿势极其优雅的飞行者，它们随意地轻拍翅膀，掠过水面捕鱼。和其他捕食性鸟类不同，鹗通常会远距离飞越大海，并且不会在狭窄的迁徙通道聚集，而是分散开来旅行。

迁徙档案	
学　名	*Pandion haliaetus*
迁徙路径	北方种群冬季南迁
迁徙距离	单程4 000～10 000千米
观察地点	美国弗吉尼亚州德尔马瓦半岛；瑞典法尔斯特布半岛
迁徙时间	9月（德尔马瓦半岛）；8—9月（法尔斯特布半岛）

对分类学家来说，鹗是个棘手的物种。这种

不同寻常的捕食性鸟类作为卓越的捕鱼者也有个通俗的名字——“鱼鹰”，它们被划为单属种，没有亲缘关系较近的物种。它们的食物中99%以上是活鱼，它们会从10～30米的高空俯冲至水中捉鱼，鱼鹰的爪子先入水，并激起四溅的水花。当它们飞往附近的停栖地享受食物时，扭转自如的第四趾和带有尖刺的爪底能帮助它们抓紧扭动的、滑溜溜的猎物。

感受寒冷

鹗是世界上分布最广的鸟类之一，除南极洲之外的所有大陆都有分布，还包括海洋中的许多岛屿。分布在热带和亚热带的种群是留鸟，如在佛罗里达州南部、墨西哥湾海岸、加利福尼亚、中东的部分地区和澳大利亚的鹗种群，但其他广大分布区的种群通常都是迁徙者。迁徙的关键驱动因素是寒冷的天气，因为寒冷会迫使鱼类潜入深水，鹗因此无法捕食。对鹗来说，冰冻的湖面或河面在某种程度上就意味着死亡。

所有在北纬30°～32°以北繁殖的加拿大和美国的鹗，都会在秋季离开繁殖区域，南迁至加利福尼亚、加勒比海岸、南美的北部、奥里诺科河和亚马孙河流域的河流及流域中的池塘。在欧洲，迁徙种群和留鸟种群的分界线则更偏北，在北纬38°～40°。欧洲北部种群在撒哈拉沙漠以南的非洲越冬，尤其是赤道附近的大西洋沿岸。俄罗斯和日本的鹗主要前往阿拉伯半岛沿岸、南亚次大陆和东南亚越冬，它们频繁地聚集成大群栖息于红树林湿地。

▶ 研究人员在把鹗的幼雏放回巢中之前，对它们进行测量、称重和标记

鹗的种群研究

在世界范围内，英国的鹗数量较少，2007年只有200个繁殖对，1954年以来，几乎每个鹗巢都已被研究者监测。在半个世纪的研究中，有超过1 250只英国的鹗在巢穴中被标记，有些个体身上装有带编号的彩色翼标，研究人员可以通过双筒望远镜分辨它们。通过对这些被标记的个体的记录，研究者已经描绘出了这个物种经过法国和西班牙到达非洲西部的神奇的迁徙线路图，包括雌鸟、雄鸟和不参与繁殖的幼鸟的不同旅程。

如今，卫星遥测装置能够每小时发回有关鹗的位置、方向、速度和海拔方面的数据，而且这些GPS数据准确到能够指出鹗捕鱼的海岸或淡水水域的位置。鹗的迁徙网站会随时更新卫星标记个体的信息，为保护提供有益的宣传。

◀ 成对的鹗每年会返回同一个巢穴，但分开迁徙。每对鹗最多可抚养4只幼鸟

缓慢的进程

鹗白天迁徙，比多数与它们体形相当的迁徙性的隼和鹰的移动速度都缓慢。它们在迁徙过程中会在偏好的采食地停留——通常停留数天或一周，并且不同个体似乎使用不同的停留区域，每只鸟每年都光顾偏好的河口、湖泊或沼泽。对一只带有标记的鹗的监测结果显示，它会在固定的一周或两周内返回同一停栖地，这也正是当地的鸟类学家希望看到的结果。

鹗通常单独迁徙，且遵循各自的路径——这也是这一物种和其他迁徙猛禽的另一个区分特征，其他猛禽都倾向于聚群。鹗通常在一个被称为“宽广迁徙面”的大范围内活动。正是由于这一点，鹗通过观鹰点的天数通常会远远低于其他猛禽。但有一个地方却能见到数量众多迁徙的鹗，即弗吉尼亚州切萨皮克湾以东的德尔马瓦半岛，这里，在9月份适宜的日子可以看到100多只鹗。瑞典南部的法尔斯特布半岛也是个观察鹗迁徙的理想地点，最佳观察时间是8月底和9月初。

多数猛禽和其他大型翱翔鸟类都会尽力避免远距离跨海迁徙，因为海面上无法形成它们需要的热气流和上升气流。但鹗却是强大的迁徙者，它们能够轻易地飞跃海洋障碍。苏格兰和斯堪的纳维亚半岛的鹗秋季往南迁徙时，通常会穿越比斯开湾走捷径到达西班牙，而一些美洲的鹗则会穿越墨西哥湾。曾有记录表明鹗可以飞到距离美国大西洋海岸100千米的海域。

Swainson's Hawk
斯氏鵟

▼ 这些大群的斯氏鵟是在巴拿马的安孔山拍摄到的秋季迁徙种群

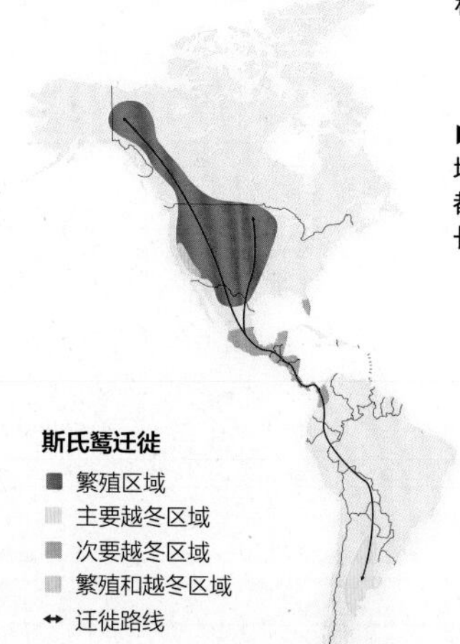

▶ 迁徙的鵟会避免飞越开阔水域，因此所有往来南美洲的鵟都不得不经过巴拿马运河的狭长地带

斯氏鵟的迁徙距离和其他北美捕食性鸟类一样远，它们一生中约三分之一的时间都用来迁徙。每年多数种群会以数千只的大群从北美大平原迁往阿根廷的大草原，之后再返回。

迁徙档案	
学　名	*Buteo swainsonii*
迁徙路径	多数个体迁往阿根廷越冬
迁徙距离	单程6 000～14 500千米
观察地点	得克萨斯州科珀斯克里斯蒂的黑泽尔 · 巴兹莫尔县立公园；巴拿马巴拿马城安孔山
迁徙时间	9月底至10月（得克萨斯州）；10月至11月初（巴拿马）

斯氏鵟以英国博物学家威廉 · 斯文森（1789—1855）的姓氏命名，这种鵟是一种瘦小的猛禽，有着长长的尾巴和长而尖的翅膀，翱翔时呈独特的近似“V”字的形状。它是开阔区域尤其是草原上的典型鸟类，繁殖的核心地带在北美洲西部的大草原。尽管它的活动范围往北可以远至阿拉斯加苔原，往南可以到墨西哥北部，但在北美大平原上最为常

见，在4—9月经常可以在电线杆、栅栏杆和枯树上看到它们的身影。

野外观察和环志研究的数据表明，斯氏鵟对配偶和巢址都非常专一。配偶双方尽管有7个月的分离期，已经飞行了多达290 000千米，但每年春季，配偶双方都会返回同一个地区，通过一系列叽叽喳喳的叫声以及环形和俯冲的求偶炫耀来重新确认它们的配偶关系。像它们这样对繁殖地有如此高的专一度（或者叫归巢本能），在迁徙距离异常远的物种中是非常罕见的。

食性转换

斯氏鵟是捕食啮齿类动物的高手，在整个繁殖季，它们都以啮齿类动物为食，最初只是雄性斯氏鵟捕食啮齿类动物，之后父母双方都定期为小鵟带回陆地上的松鼠、黄鼠、家鼠和小兔子。但其他时间，这些猛禽只捕食昆虫。在巴拉圭和阿根廷北部的草原越冬地，斯氏鵟主要以蝗虫和迁徙的蜻蜓为食，并在广阔的草原上盘旋来追踪昆虫群。

20世纪八九十年代，斯氏鵟种群数量明显下降，原因可追溯至越冬的草原上大量使用的富含有机磷酸酯的杀虫剂，使得这些猛禽的主要食物锐减，另有许多斯氏鵟被毒死。之后，由于阿根廷对这一物种保护措施的实施，以及这一物种本身迁徙模式的改变，斯氏鵟种群开始缓慢恢复。一些鵟迁至巴西主要草原区的北部越冬，另有少量斯氏鵟则迁至佛罗里达州南部、加利福尼亚和中美洲越冬，这一越冬种群的数量可能正在增长。到底这种行为的改变是大草原农业集约化的直接后果，还是受诸如气候变化等其他因素的影响，目前还不明确。

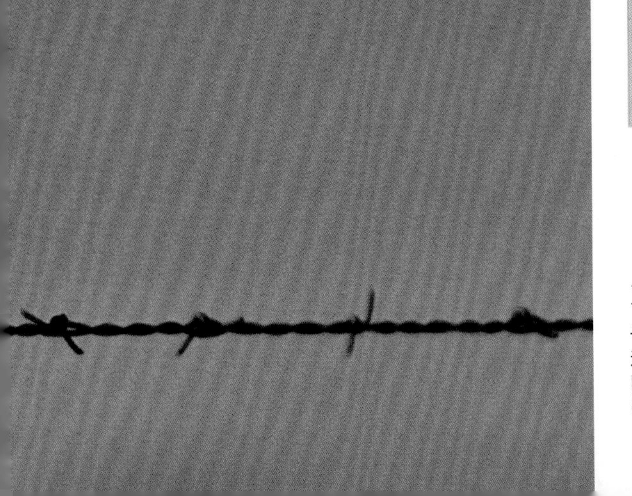

◀ 北美大草原的斯氏鵟在经历了数年的种群衰退后，数量终于得到了恢复。通常可以在人造建筑，如围栏上见到它们，围栏可以为它们提供寻找猎物的理想视野

随着热气流翱翔

斯氏鵟在4个月的迁徙期内是高度群居的。它们最大的群体被称为“壶”（kettles），就像是从遥远地方蜂拥而来的昆虫群，很容易在如得克萨斯州的黑泽尔·巴兹莫尔县立公园的传统观鹰地点观察到。每年的3—4月和10—11月，整个南美约100万只斯氏鵟越冬种群从巴拿马城附近的安孔山经过。

这些大规模的迁徙只在天气温暖干燥、热气流形成爆发之际，斯氏鵟可以借力以最小的能量消耗翱翔。在巴拿马，斯氏鵟群能够利用一列上升气流产生的长幅云飞行，在云底几乎不用挥动翅膀就能滑翔数十千米甚至更远。翱翔、滑翔与拍翅飞行相比，能节省约95%～97%的能量。这种能量保存方式非常重要，因为斯氏鵟在飞往阿根廷长达60天的旅程中都不进食（极少能看到斯氏鵟在旅途当中采食，也没有在公共的停栖地观察到它们的排泄物）。这些鸟类能够在一次都不采食的情况下完成迁徙，说明它们远距离迁徙之旅的能耗非常低。

迁徙瓶颈

每年秋季，约50万只捕食性鸟类会经过从墨西哥南部至巴拿马的中美洲候鸟迁徙通道。这一通道在南端急剧变窄，迫使迁徙的猛禽结成更大的迁徙群。陆桥的最窄处位于巴拿马地峡，在巴拿马运河区只有50千米宽。其中最凶猛的猛禽物种是：巨翅鵟、红头美洲鹫、斯氏鵟和密西西比灰鸢（强弱按此顺序排列）。同时还有数量稍少的24种其他北美猛禽。壮观的迁徙猛禽群也能在密歇根湖、休伦湖和苏必利尔湖间的一小块陆地——密歇根州怀特菲什角见到，同样也能在西班牙和北非之间的迁徙通道——直布罗陀海峡以及土耳其的博斯普鲁斯海峡等地观察到。

Land of Flood and Fire
水火肆虐的大陆

每年夏季都有猛烈的暴风雨袭击澳大利亚北部，带来的洪水可以形成绵延数千米的水塘和沼泽，这些湿地只存在较短时间，但这期间就有成千上万只迁徙鸟类群蜂拥而至，在这里进食和繁殖。

没有其他任何大陆的火灾发生频率像澳大利亚大陆这样高，气势汹汹的丛林火灾对植被有重要的影响，而最北端的地区受热带辐合带低气压的控制，却有长达4个月的季风雨。从12月到第二年4

▼ 大雨将卡卡杜国家公园的低地变成临时的巨大湿地，吸引来大群迁徙水鸟

► 鹊雁和其他许多迁徙鸟类一样，采食野生稻类和其他水生植物，而且要在洪水消退前抓紧一切时间抚养幼鸟

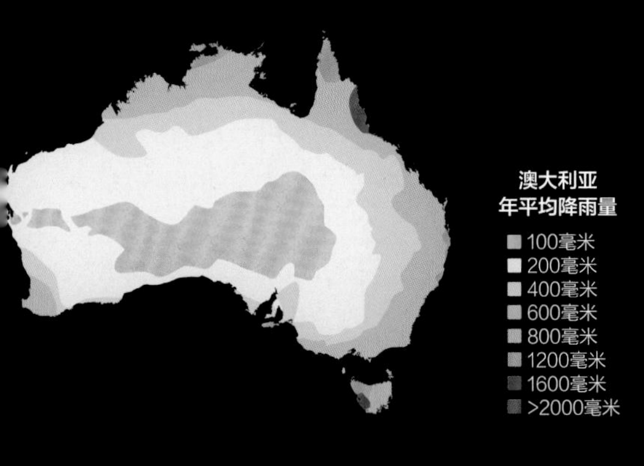

▲ 澳大利亚的“顶端地带”受到来自印度洋季风的全面影响，有着最大的降雨量，南部地区年平均降雨量为800毫米，北部地区年平均降雨量为1 200毫米。澳大利亚大陆的中心地带则是干旱的沙漠

月，澳大利亚北部海岸不断受到暴风雨的袭击，导致季节性的河流暴涨，并溢出河道。林地被淹没，树木会突然开花，地势较低的平原会泛滥成长满睡莲、风信子和野生稻类的内陆海。

这一转变也吸引了大规模鸟类群的到来。一个最佳的观察迁徙的地点位于澳大利亚北部地区的海岸，俗称“顶端地带”（Top End）。这一地区的核心是位于地区首府达尔文以东约250千米的卡卡杜国家公园。这一公园开花的白千层树丛会迅速吸引众多的食蜜鸟，如紫红鹦鹉。但数量最多的迁徙者是水鸟，包括鹊雁、黑天鹅、斑胸树鸭和澳洲鹈鹕等数十种水鸟会聚集在公园的湿地上。这些鸟类中有些是从周边地区飞来的，还有一些是从数千千米外的其他大陆飞来的。此外还有从北半球来的到访者，如在北极苔原地区繁殖的杓鹬和矶鹬等涉禽。迁徙距离最远的是斑尾塍鹬，它们从14 500千米外的阿拉斯加西北部沼泽的繁殖区域迁徙至此。

这些美洲鹤正在跟随一架小型飞机穿越美国东部。这是保护计划的一部分——在孵卵期间为人工孵化的幼鹤播放飞机发动机的声音，之后它们就会把这些飞机当作自己的父母，并跟随它们飞行

Whooping Crane
美洲鹤

美洲鹤迁徙

- 伍德布法罗国家公园
- 阿兰萨斯国家野生动物保护区
- 威斯康星州中部
- 查萨霍维茨卡国家野生动物保护区
- 基西米大草原（非迁徙区域）
- ↔ 西部迁徙路线（自然种群）
- ↔ 东部迁徙路线（重新引入种群）

迁徙档案	
学　　名	*Grus americana*
迁徙路径	从内陆繁殖区域到海岸越冬区域
迁徙距离	单程最长可达4 000千米
观察地点	得克萨斯州阿兰萨斯国家野生动物保护区
迁徙时间	11月至次年3月

北美洲的美洲鹤由于受到捕猎和栖息地丧失的威胁，曾处于灭绝的边缘，现在仍有灭绝风险。一系列拯救努力表明，远距离迁徙动物的保护非常困难，需要对迁徙道路上的每个阶段都进行保护。

美洲鹤是个古老的物种——它们的化石可追溯至数百万年前，它们也是北美洲本土体形最大的鸟类，高约1.5米，不幸由于极其稀有而更为人所知。这些高贵的全身雪白的鸟类在过去两个世纪以来都被看作美国野生环境破坏的一个象征。

美洲鹤以对偶间发出远距离传播的怪异声而闻名，它们曾经是加拿大草原和美国中西部平原以及美国大西洋沿岸的常见物种。19世纪，由于沼泽里的采食地和繁殖地被改造成农田，以及无节制的狩猎和用于显示身份的标本制作的收集，美洲鹤的数量急剧下降，到1941年时只剩下15只个体。今天存活的所有美洲鹤——不管是野生的还是养殖的——都是这15只个体的后代。

最后的幸存者

到20世纪40年代，仅存的十几只美洲鹤是曾经遍布美洲大陆的数量巨大的迁徙种群残留下来的幸存者。在很长一段时间里，人们都不清楚这些幸存者准确的筑巢地，直到1954年研究人员对它们进行跟踪，到达艾伯塔和西北地区的伍德布法罗国家公园，才在公园中一个偏远的布满沼泽和遍布河流的地方找到了美洲鹤确定的筑巢地。自然保护人士已经知道这一残存的种群在得克萨斯沿海的盐碱沼泽越冬。随后对那些细致的野外工作数据、环志数据和卫星遥测数据（近几年采用）进行拼接和整理后，有关这些鹤类迁徙的更多详细资料才浮现出来。

美洲鹤迁徙的一个最重要的方面是它们如何将迁徙信息传递下去。美洲鹤毫无疑问是非常精确的航行者，它们沿着从父母那里学来的严格限定的、几乎年年不变的狭窄通道迁徙。它们以单个对偶或家族群的形式，白天沿着这条迁徙通道走走停停，每次飞行约300～500千米，偶尔也会和沙丘鹤混群迁徙。

重建一个迁徙物种

50多年的大力保护使得加拿大和得克萨斯州之

◀ 较大的体形和雪白的羽毛是美洲鹤与沙丘鹤的区分特征

传统的停歇地

美洲鹤在迁徙过程中世世代代都使用相同的停歇地。它们9月底或10月初离开森林野牛国家公园，只需数日就能到达最大的停歇地——萨斯喀彻温省南部的小麦带。它们在此停留数日或数周休息和补充体力，通常在10月底离开萨斯喀彻温省，往南越过大平原到达内布拉斯加州的普拉特河中部的第二个重要的停歇点。之后通常在12月初到达得克萨斯海岸。

间迁徙的美洲鹤数量有了很大恢复。这一繁荣的迁徙群最佳的观察地点位于得克萨斯南部的阿兰萨斯国家野生动物保护区，2007—2008年，这一地区的越冬种群有266只个体。不过，在其他地方已成功建立了新的美洲鹤种群，为了防范这一自然种群可能遇到的灭绝灾难而采取的保障性措施已经取得了一些成效。

20世纪七八十年代，研究者将从加拿大森林野牛国家公园搜集到的美洲鹤卵运送到爱达荷州的沙丘鹤繁殖地。这个项目计划由沙丘鹤哺育美洲鹤幼体，并由沙丘鹤将它们传统的前往新墨西哥州里奥格兰德附近的阿帕奇森林国家野生动物保护区越冬的迁徙路线传授给美洲鹤幼鸟。但美洲鹤却因此对沙丘鹤养父母产生了“印痕效应”，将自己当作沙丘鹤，而无法和其他美洲鹤个体正常配对，最后被收养的美洲鹤个体极少能存活下来，这一项目也就此中止。

经历这个教训后，一个人工孵化美洲鹤经人工圈养繁殖后再放归野外的计划被提出和实施。20世纪90年代，把圈养的美洲鹤放归佛罗里达的基西米草原，到2006年已发展成有54只个体的小种群。佛罗里达种群和曾在路易斯安那沼泽中生存的种群一样全年固定在一个地方生活。1999年，由美国政府和非政府组织共同合作，制订了一个更好的计划，即决定在美国东部这个19世纪美洲鹤灭绝的地方重建一个可自我维持的迁徙种群。

由于人工孵化的美洲鹤对祖先使用的历史迁徙路线毫不了解，因此为它们重建一条已经完全消失的迁徙路线是个极大的挑战。解决的办法是训练幼鸟跟随小型飞机迁徙，通过给它们引导安全的路径，指示正确的停歇点，来协助它们完成迁徙。在协助下完成南迁之旅后，它们能够独立完成返回和未来的迁徙之旅。截至2007—2008年冬季，在威斯康星州和佛罗里达州之间进行年度迁徙的美洲鹤种群有76只个体。每年新生的幼鹤紧紧跟随小型飞机迁徙已成为北美洲天空一道最为奇特的景观。

Knot
红腹滨鹬

▼ 身着冬羽的红腹滨鹬在涨潮时聚集成群，焦急地等待重新采食的机会

红腹滨鹬每年有7个月的时间都处于迁徙当中。它们会飞往地球最北端的部分陆地繁殖，剩下的5个月时间则飞往南方数千千米开外的河口三角洲和海岸咸水湖活动。

迁徙档案	
学　名	*Calidris canutus*
迁徙路径	从北极繁殖区域到温带和热带越冬区域
迁徙距离	单程2 500～16 000千米
观察地点	美国新泽西州特拉华湾；英国莫克姆湾
迁徙时间	5月底（特拉华湾）；11月至次年2月（莫克姆湾）

每年夏季，北极地区苔原带的昆虫大爆发会吸

引远距离迁徙者的到来。6—7月，这片广袤的布满浅水池塘和沼泽的大地，会沐浴在极昼的阳光下，鸟类能够日夜不断地采食，更快地哺育后代。此外，北极苔原带不缺少合适的筑巢地，捕食者也更少。

许多涉禽都迁徙至苔原带哺育后代，但是红腹滨鹬这种体形中等的鹬科动物，是其中繁殖场分布最偏北的物种之一。它们主要在1～5℃等温线之间的北极岛屿和半岛上筑巢。一旦冬季冰雪开始融化，雌性红腹滨鹬就会在裸露地表的小坑中产下3～4枚卵。这些幼鸟生长至39～42天时，就可以脱离父母单独生活，这意味着红腹滨鹬通常可以在两个月内离开繁殖场。

环球旅行

因为红腹滨鹬的繁殖地如此偏北，我们一般认为它们会迁往最近的无冰区域越冬。但事实上，它们的迁徙距离非常远，有时甚至到达地球的另一端。许多红腹滨鹬在赤道以南的地区过冬，最远可飞至阿根廷、南非、澳大利亚和新西兰海岸，其他个体则在加勒比海、欧洲西北部和西非海岸越冬。这一物种通过分布在温带和热带比较宽广的活动范围里以减少食物竞争。

红腹滨鹬和其他涉禽一样，以各种方式尽可能地减少远距离迁徙中的能量消耗。首先，它们会组成更加高效紧凑的迁徙群。一项卫星追踪研究的结果表明，在群体中飞翔的红腹滨鹬比它们单独飞翔时每小时多飞行5千米。其次，红腹滨鹬在飞行时会利用顺风。有记录表明它们能在5 000米的高空飞行，强风使得它们飞行时的对地速度能够翻番。最后，它们将旅行分为多个阶段，会连续飞行2～3

段，其间在有遮蔽的河口等食物丰富的地域停留并补充能量。这些停留点对红腹滨鹬来说至关重要，数千年来，这些位置指引了这一物种的迁徙路线。

潮间栖息处

尽管红腹滨鹬在苔原的繁殖地呈稀疏分布状态，但在停歇地和越冬地却会聚集成超大群，以大潮带来的小型泥栖软体动物和甲壳动物为食。例如每年冬季，约350 000只红腹滨鹬会聚集在毛里塔尼亚的一个海岸外侧的阿尔金沙洲上，约100 000只红腹滨鹬会聚集在荷兰海岸的瓦登海，另有约300 000只会聚集在英国几个河口区域。

红腹滨鹬在水边采食，涨潮会迫使它们聚集到较高的堤岸，它们通常挤在一起，甚至站在其他个体的背上；这些大群的红腹滨鹬往往蜷缩在一起达数小时躲避潮水，但也时常冲向天空一同旋转。这时，空中就突然充满成千上万只红腹滨鹬，以类似火山喷发那样巨大的能量盘旋和翻转，场面蔚为壮观。

◀ 红腹滨鹬是典型涉禽，喙、腿和脚趾都很长，图中的这只个体正身着彩色的繁殖羽

▼ 鲎的产卵季节给迁徙鸟群提供了一场蛋白质的盛宴

数量充足的时期

每年春季，前往美国东海岸的红腹滨鹬群赶在5月底到达北部新泽西州的特拉华湾，此时数百万只鲎会上岸产卵。数周内海滩就满是红腹滨鹬，它们疯狂地翻掘泥沙，寻找富有营养的鲎卵。在采食高峰期，这些鸟类的体重会增加一半以上——足够它们完成返回加拿大的北极地区这一迁徙旅程的最后一段。20世纪80年代末，特拉华湾红腹滨鹬的种群数量最多时高达95 000只，但之后由于人类对鲎的过度捕捞，红腹滨鹬的食物迅速减少，在随后的10年内红腹滨鹬的种群数量急剧下降。2006年，邻近的几个州暂停了对鲎的捕猎，从而保证了鲎的种群数量得以逐渐恢复。

Bar-tailed Godwit
斑尾塍鹬

▼ 斑尾塍鹬已经能够适应快速远距离的飞行，它们能一口气飞行超过一周的时间。但即便如此，跨海飞行却不允许它们有任何差错

迁徙档案	
学　名	*Limosa lapponica*
迁徙路径	从北极繁殖区域到温带和热带越冬区域
迁徙距离	单程2 000～14 500千米
观察地点	新西兰北岛泰晤士湾；毛里塔尼亚阿尔金沙洲国家公园
迁徙时间	10月至次年2月

斑尾塍鹬是世界上陆禽和水禽中连续飞行距离最长的鸟类。分布在阿拉斯加的种群会飞越太平洋到达澳大利亚和新西兰，它们会以消耗自己内脏的方式来完成长达200个小时的飞越太平洋的漫长、艰辛之旅。

斑尾塍鹬的身体比例很好，有着长长的略向上翘的喙，以及漂亮的深黄棕色的繁殖羽。它和其他三种塍鹬非常相像，都是强大的迁徙者。没有一个物种能像斑尾塍鹬这样在海岸的越冬地和北极繁殖地之间做横跨大陆的迁徙。

四个亚种

每年斑尾塍鹬都会向北迁徙至环绕地球北极周围苔原、沼泽和泥炭沼等组成的荒芜区域，这些地区在夏季又都是“极昼地带”。斑尾塍鹬并不在整

个环北极地区繁殖，而是在其中四个并不连贯的区域：挪威拉普兰和俄罗斯西北部的白海海域；西伯利亚中北部，尤其是泰梅尔半岛及其周围地区；西伯利亚东北部以及阿拉斯加西部。这四个地区的斑尾塍鹬体形上有所不同，而且有各自的越冬区域，因此鸟类学家认为它们是生物学上的不同亚种。

这四个亚种的迁徙本领有很大差别。多数指名亚种（*Limosa lapponica lapponica*）迁徙至欧洲西部和南非海岸；而中西伯利亚亚种（*L. l. taymyrensis*）则飞往西非的阿尔金沙洲国家公园；中部亚种（*L. l. menzbieri*）则主要飞往东南亚和澳大利亚；东北亚亚种（*L. l. baueri*）则迁往澳大利亚和新西兰。东北亚亚种的迁徙之旅不仅在距离上是指名亚种迁徙距离的5倍，而且几乎全部旅程都是在水面上，迁徙者没有休息和停下来采食的机会。因此东北亚亚种的个体也毫无意外地比指名亚种的体形更大，体重更重。

在旅程中存活下来

连续的迁徙飞行对任何鸟类来说都异常耗能，它们能承受的最远飞行距离取决于平均飞行速度和体内贮存能量的比率，以水分脂肪比来衡量。斑尾塍鹬在水分脂肪比上的分配非常理想，它们体内能够贮存较重养料同时还能快速飞翔（平均时速可以保持在55～77千米）。它们在高空飞行时会借助顺

风来提高本就超强的飞行能力，这可以缩短它们约一半的飞行时间。

这种远距离的连续飞行需要提前准备，就像马拉松运动员跑前需要训练一样，这种准备也需要很长时间。斑尾塍鹬在繁殖期后并没有达到飞行迁徙的最佳状态，而是先迁移到一个无脊椎动物丰富的潮间泥滩换羽，并调整至最佳的体重状态。例如东北亚亚种中的多数会在世界上最大的河流三角洲之一，阿拉斯加西部的育空-卡斯科奎姆三角洲地带补充能量。在这里，斑尾塍鹬疯狂进食，换掉繁殖羽，并积攒丰富的脂肪。出发前，每只鸟的心肌和胸肌都会增大，而飞行中很少用到的器官——胃、肠、肝脏和肾脏则相应缩小。换句话说，斑尾塍鹬会收缩不必要的代谢器官，以此加强其他重要的组织。

每年约有70 000～100 000只斑尾塍鹬东北亚亚种到达澳大拉西亚，这其中包括成年个体和刚成熟的幼鸟。跨越大洋之旅对于经验丰富的成年个体来说都很困难，何况是刚孵出两个月的幼鸟，尽管有些幼鸟和成年个体一同南迁，但很多幼鸟则是在缺少成体帮助的情况下到达目的地。如果将所有的迁徙阶段都包括在内，斑尾塍鹬每年迁徙之旅的总飞行时间将长达500个小时，这意味着它们一生中15%的时间可能都用来迁徙。

追踪研究的新发现

新一代质量较轻、电池寿命较长的卫星跟踪标记，正在给我们提供斑尾塍鹬惊人的迁徙数据，这些数据正在改写我们之前对鸟类认识的极限。2007年3月17日，一只标记号为E7的雌性斑尾塍鹬从新西兰出发，经过7天13个小时，连续飞行10 219千米后到达中国靠近朝鲜边界的鸭绿江。E7在此停留5周储存脂肪，之后又在5月1日出发，连续飞行6 459千米，在5月5日到达阿拉斯加半岛，继而在5月15日到达阿拉斯加的最终目的地。8月底，E7又创造了一项新的纪录，它花费8天12个小时连续飞行至少11 570千米从阿拉斯加返回新西兰。

▼ 斑尾塍鹬的苔原繁殖地环境非常恶劣，但是充足的食物使得它们愿意冒险在这么严酷的环境下生存

Arctic Tern
北极燕鸥

▼ 南极海域的大块浮冰给北极燕鸥在此停留提供了便利

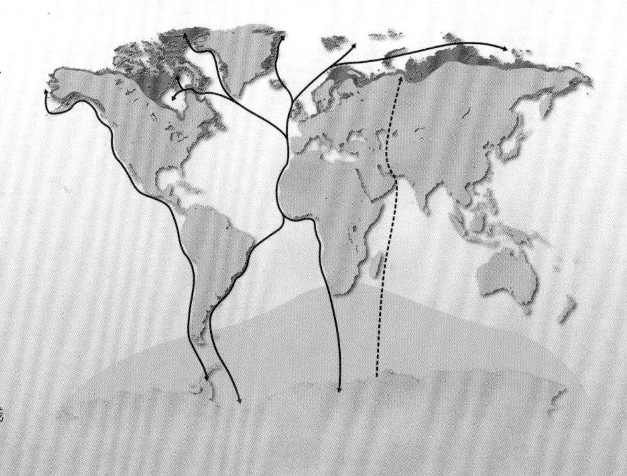

北极燕鸥在北半球高纬度地区和南极浮冰边缘间进行惊人的环球航行。它们当中的某些个体会在一年内既经历北极的夏季又经历南极的夏季，比地球上任何一种生物都要经历更多的白昼。

迁徙档案	
学　名	*Sterna paradisaea*
迁徙路径	两极之间的全球性环游飞行
迁徙距离	单程15 250～20 000千米
观察地点	阿拉斯加、加拿大和欧洲北部海岸
迁徙时间	5—7月

北极燕鸥是名副其实的全球迁徙物种，它们是

唯一一种在地球上7个大陆都固定出现的鸟类（牛背鹭在6个大陆都筑巢，也在亚南极地区的岛屿上被发现过，但由于这些发现点距离它们通常的活动区域太远，一般认为这些是迷鸟）。北极燕鸥在从阿拉斯加东部到加拿大和格陵兰岛，以及从冰岛经过欧洲西北部到达斯瓦尔巴群岛和西伯利亚北海岸的整个北极圈附近地区繁殖。每年7月底和8月，它们从繁殖地出发往南迁徙，穿过大西洋或太平洋到达南极浮冰海岸。

三种模式

北极燕鸥的南向迁徙遵循三种主要迁徙模式中的一种。在加拿大东部和格陵兰岛繁殖的种群往东南飞越大西洋，与西伯利亚和欧洲种群会合，再沿着非洲西海岸南迁，它们中的大多数沿着非洲海岸直到好望角，之后越过南大洋到达南极洲。但另外一些个体在到达西非时则采用不同的迁徙线路，它们横渡大西洋，到达巴西海域，从那里再往南迁，经过阿根廷和巴塔哥尼亚，直到南极洲。阿拉斯加

▶ 一只发情的成年北极燕鸥正在表演它们著名的高空飞行特技

◀ 北极燕鸥的繁殖地是布满鹅卵石的海滩或岸边的草地，通常都在近海的岛屿上。它们的窝就是在地面上的一个简单的浅坑

一生的里程数

在北极地区繁殖的北极燕鸥每年进行约40 000千米的往返迁徙，一些个体每年的迁徙距离可达50 000千米。在美国东北部营巢的一只标记序号为35.325864的北极燕鸥寿命长达34岁，是已知的寿命最长的北极燕鸥。这样算起来，在北极地区繁殖的相似年龄的北极燕鸥，一生可能已经迁徙了100万英里（约160万千米）。

和加拿大西北部的种群则是第三个迁徙群，它们绕着北美和南美的整个太平洋海岸飞行，到达位于南美洲最南端火地群岛的合恩角。

一旦到达南极海域，北极燕鸥就跟随消退的浮冰进行扩散并逐渐往南迁移。浮冰和开阔海水相接的地方非常富饶，有庞大的南极磷虾群和小鱼群。一些北极燕鸥在南极海域的数月时间内，环绕南极大陆一圈采食丰富的食物，但最终要在3月向北迁徙。性成熟的个体会一直往北到达繁殖地，而未成熟的个体则在南半球度过最初的2～3年。

太阳追逐者

通常认为北极燕鸥即使竭尽全力也很难迁徙更远的距离。它们在两极之间的迁徙要消耗巨大的能量，但是能够在一年当中受益于两个较长的夏季，还是很值得的。它们的繁殖地在夏季平均每天接受18～24小时的光照，具体日照时数取决于所在的纬度。在短短两个多月的时间内，它们能够配对，建立和维护活动区域，抚养后代，再一起返回海洋生活。成鸟和幼鸟一同南迁。

北极燕鸥由于长长的尾幡和向下俯冲的飞行姿态而被称为“海洋中的燕子”，在海浪上毫不费力地滑翔时，它们就是优雅的化身。但越来越多的证据表明，至少部分北极燕鸥会经常冒险到遥远的内陆。有记录表明，春季在中亚和俄罗斯的乌拉尔山谷里见到过北极燕鸥的身影，表明它们利用季风越过印度洋往北迁徙，之后再穿越亚洲到达北极繁殖地。北极燕鸥可能会飞得非常高，只有当它们在飞行途中遇到合适的淡水区停下来休息时才能被人们看到。其他许多海鸟，如贼鸥和海雀也有到过大陆中部的记录。

Arctic Invasion
来自北极地区的入侵

▼ 上图：黄昏锡嘴雀强有力的喙破开较大的种子，在入侵年份，它们通常采食公园中鸟类投喂点的坚果和种子

▼ 下图：这张图显示了1962—1971年美国马里兰州切萨皮克湾每年圣诞节对四种雀类数量调查的结果。在高纬度地区的植物种子缺乏时雀类数量更多，如1969年冬季。尽管不同物种和不同年份间，雀类总量有很大差别，但对所有物种来说，它们数量的高峰和低谷都出现在相同的年份

北极地区的鸟类有时由于常见的食物缺乏而出现大规模侵入南方的现象。这些零星发生的迁徙通常发生在猛禽、鸮和一些采食种子和浆果的鸟类当中。

北极泰加林带和苔原带的森林和沼泽是许多“被动”迁徙鸟类的家园。正常年份，它们在相对固定的地域生活，或只做短途迁徙以避开冬季寒冷的天气。但是偶尔在繁殖期末种群数量达到高峰时，这些鸟类就会面临长期食物短缺的威胁，进而形成危机。于是在毫无征兆的情况下，大规模的鸟群就在整个秋季离开北极的高纬度地区，沿着大致往南的方向迁徙数百或数千千米。

采用这种模式迁徙的鸟类依赖一些有着自然爆发和衰退规律的特定食物来源生存。这些鸟类包括毛脚鵟、雪鸮和乌林鸮——它们都是捕食旅鼠和田鼠的专家。这些啮齿类动物的数量每3～5年会骤然下降，迫使饥饿的鹰和鸮往南迁徙。

第二类突然出现的迁徙者包括那些以松、云杉、桦树和花楸树的种子和浆果为食的鸟类。这些植物会连续几个季节繁茂生长，之后会休息一年。这些迁徙鸟类包括鸦科鸟类，如星鸦和松鸦；一种椋鸟大小、在北方森林生活的太平鸟，以及各种雀形目鸟类。

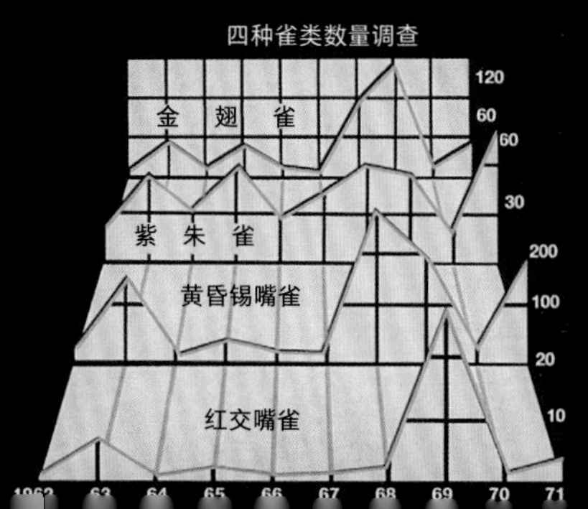

► 左图：在北美，苍鹰在最喜欢的食物美洲兔数量减少时往南迁。这种情况每10年发生一次

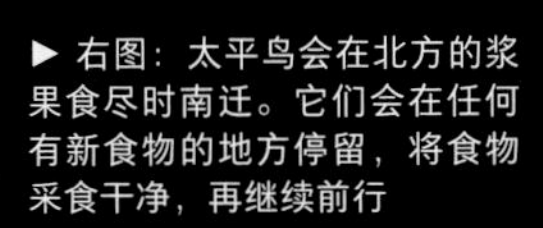

► 右图：太平鸟会在北方的浆果食尽时南迁。它们会在任何有新食物的地方停留，将食物采食干净，再继续前行

当旅鼠数量稀少时，雪鸮会离开北极，前往更加温暖的南方寻找其他食物

Ruby-throated Hummingbird
红喉北蜂鸟

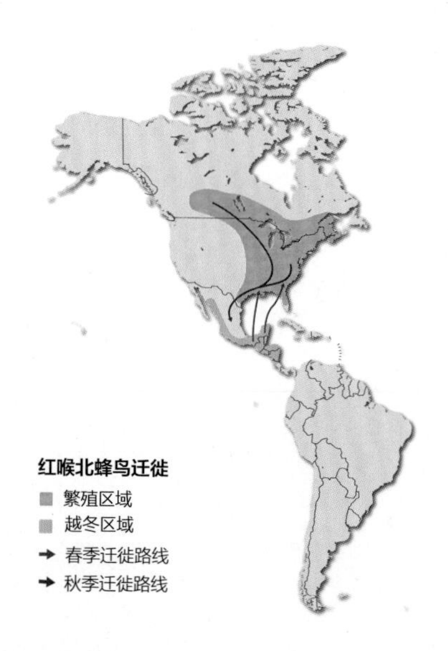

红喉北蜂鸟快节奏和吸食花蜜的生活方式决定了它们只能在百花盛开的地方生存，这也就使得它们必须在秋季时往南迁徙。当春季返回时，这些微小的精力充沛的生物能够连续飞越墨西哥湾——这对这种体重小于普通铅笔的鸟类来说是一场不可思议的旅程。

迁徙档案	
学　名	*Archilochus colubris*
迁徙路径	从北美洲迁徙到中美洲的越冬地
迁徙距离	单程最长可达6 000千米
观察地点	北美洲东部的花园和林地
迁徙时间	4—7月

▶ 雌性红喉北蜂鸟会用柔软的树枝、地衣和蜘蛛丝建造一个整洁的杯状巢，并在其中独自抚养两只幼鸟。这些幼鸟在长至18～20天时便能够飞翔

◀ 春季和夏季红喉北蜂鸟采食约30种花的花蜜。红色、粉色和橙色的花朵对它们似乎有特殊的吸引力

世界上约有340种蜂鸟，它们中有许多生活在拉丁美洲的热带雨林，那里全年都有花蜜，因此在那里生活的蜂鸟极少离开同一小片栖息地。但在美洲的其他一些地区，花蜜的供应是季节性的，某些季节蜂鸟因此就面临花蜜供应不足的问题。少数物种，如安第斯山脉的长尾蜂鸟会往低海拔山地迁移，那里气候更温暖，有更多的食物，但其他物种则会选择迁徙。

固定在加拿大和美国繁殖的13或14种蜂鸟中，除少数加利福尼亚南部的个体，都是强大的迁徙者。秋季它们或者像红喉北蜂鸟那样往南迁至墨西哥和中美洲，或者往东迁至墨西哥湾沿岸美国各州和南北卡罗来纳。

花朵的力量

红喉北蜂鸟的繁殖地横跨整个北美洲东部，北部的边界从加拿大艾伯塔省中部到新斯科舍省，这是唯一一种在密西西比河以东地区繁殖的蜂鸟。雄鸟有着闪闪发亮的鲜红色颈部斑纹和铜绿色上体，它们通常会比颜色朴素、有着灰白色喉部的雌鸟早一到两周动身离开越冬地，从而留出时间占领巢区。它们在3月底和4月初越过美国东南部，此时它们最喜欢的三种植物——十字蔓、红花七叶树和长隔木正在开花，它们往北穿越美洲大陆的时间，也和其他重要食物的开花时间一致。

在繁殖季，红喉北蜂鸟的食物通常更为多样，以从树皮中吸取的树木汁液、从蜘蛛网上捕捉的蜘蛛、从空中和花朵上捕捉的小昆虫为主。和所有蜂鸟一样，雌性红喉北蜂鸟单独抚养幼鸟；尽管如此，越来越多的蜂鸟开始产两窝卵，这可能是由于夏季的延长和花园中鸟类投食点普及的缘故。由于雄鸟在繁殖贡献中几乎不起什么作用，它们在7月初就可以离开繁殖地返回南方，而雌鸟和幼鸟继续待

◀ 花园中的糖水供应站对迁徙鸟类来说是救命稻草

改变中的模式

蜂鸟和人类一样，喜欢多糖，因此这些饥渴的小精灵喜欢那些从甘蔗榨制出来的蔗糖。北美洲分布的数千个公园都有糖水喂饲点，给迁徙的红喉北蜂鸟、棕煌蜂鸟和其他几个物种提供了广泛的能量供应网络。在食物缺乏的地区，城市就成为蜂鸟非常重要的喂饲点，如若不然，它们会绕道而行或继续飞行而不作停留。越来越多的蜂鸟正逐渐适应迁徙至美国东南部的花园中越冬，在这里，源源不断的合成花蜜可一直供应至春季。到现在为止，只有少数红喉北蜂鸟遵循这一迁徙模式，部分原因可能是受到全球变暖的影响，但未来可能会有更多个体采用这种迁徙模式。

在繁殖地直到9月份，甚至在气候温和时可以待至10月中旬。

红喉北蜂鸟有一系列南迁的路径。在迁徙高峰时期，数量巨大的蜂鸟沿着包括密西西比河沿岸、墨西哥湾海岸和得克萨斯东部等的候鸟迁徙通道大规模迁徙，这些迁徙通道都位于温带和热带的交界处，之后再从得克萨斯往南越过墨西哥和中美洲，有些个体则迁往巴拿马。

危险的穿越之旅

有些红喉北蜂鸟在春季沿着陆上的迁徙路线返回北方，而其他个体则选择借道加勒比海，这段旅程更短，只有约1 100千米。这个海上穿越之旅在秋季飓风到来时会非常危险，因此对于红喉北蜂鸟来说，即便有顺风的帮助，迁徙仍是个非凡的举动。在无风的条件下，红喉北蜂鸟需要花费18个小时，以每秒钟49～50次的振翅速率，扇动翅膀约320万次，才能完成这次穿越。按红喉北蜂鸟的身体大小来说，它应该是世界上已知连续飞行距离最长的鸟类的一种。

在开始这场超级马拉松之前，蜂鸟会在尤卡坦半岛的森林地区聚集，储存大量的脂肪作为养料。它们出发前的体重几乎是正常体重（约3克）的两倍。事实上，当它们在路易斯安那和佛罗里达州之间的海岸沿线着陆时，它们身体内部贮存的所有脂肪都因用来支持胸肌的运动而消耗殆尽。

Southern Carmine Bee-eater
南红蜂虎

▼ 成群的蜂虎被浓烟强烈吸引，也可能是被远处大火的声响所吸引

南红蜂虎全身闪烁着桃红色，饰以优雅的尾幡，是非洲灌木丛中最漂亮的鸟类之一。蜂虎的翅膀非常特别，借助它们，蜂虎可以在空中毫不费力地俯冲来捕获昆虫。它的迁徙很复杂，由三部分组成，在整个热带稀树草原上的移动距离很远，范围很广。

迁徙档案	
学　名	*Merops nubicoides*
迁徙路径	在非洲中南部和东南部的多个阶段的迁徙
迁徙距离	500～1 200千米
观察地点	赞比亚南卢安瓜国家公园；南非克鲁格国家公园
迁徙时间	9—11月（卢安瓜）；1—3月（克鲁格）

和蜂虎科的多数物种一样，南红蜂虎是高度社会性的物种，它们在土堤上营造拥挤、成排的洞穴。它们的栖息地通常包含100～1 000个正在使用的洞穴和许多废弃的洞穴，在高峰的年份有些栖息地可能包含10 000个正在使用的洞穴。

一个理想的繁殖地，如弯曲的河流或U形湖泊的沙堤上的洞穴可以被蜂虎利用许多年，这里的洞穴非常密集，仿佛机枪扫射过一般。峭壁由于蜂虎的挖掘而变得脆弱，最终可能崩塌，迫使蜂虎在若干千米外的河流上游或下游重新寻找栖息地。

南红蜂虎的大型栖息地由于有千千万万只色彩鲜艳的鸟类不断进出，成为非洲最好的观鸟景点之一。但当这些蜂虎结束繁殖离开时，这些繁殖洞穴就可能被抛弃长达8个月之久。

热带迁徙

南红蜂虎几乎完全是热带地区的迁徙者，它的季节性移动都是在热带地区内进行的。它的繁殖地分布在一条几乎穿越整个非洲中南部的宽阔地带里，从安哥拉往东穿越赞比亚和博茨瓦纳北部的奥卡万戈河三角洲，直到津巴布韦和莫桑比克。这一区域是典型的稀树草原植被区和干燥的落叶林植被区。这一广阔地区的核心地带是靠近东非大裂谷南端的赞比亚卢安瓜河——这是非洲最大的季节性河流之一，也是南红蜂虎的一个重要的繁殖地。每年第一批迁徙的蜂虎在7月份到达这里，而大部队则在8月份到达。有人认为蜂虎会返回上一年同一个繁殖峭壁上，尽管某些繁殖种群较之其他种群可能更为灵活，在多数季节会改变繁殖地点。

火　鸟

在西非，曼丁卡人把北红蜂虎称为“火的兄弟”。这一比喻形象地描述了蜂虎的一种引人注意的行为特点，这也同样符合它的南方近亲。这两个物种经常会靠近草原大火飞行，有时甚至俯冲至离火苗仅一米多的地方。成群的蝗虫、蚱蜢和甲虫被快速移动的火墙赶向空中四处逃窜，蜂虎靠近火苗时会更容易被捕捉。

每对蜂虎都会挖掘新的洞穴而不是清理旧的洞穴，繁殖地因此会异常拥挤，洞穴极密，每平方米约60个洞。蜂虎会激烈竞争峭壁上的最佳位置，相邻的蜂虎伴侣会在空中追逐很远的距离，甚至偶尔在空中打斗，将对手摔到地上。

多个阶段的迁徙

在赞比亚，多数南红蜂虎在9月份产卵，此时正是4—11月份的旱季的末尾，它们的幼鸟从而能够在湿季开始时离开繁殖地，那时昆虫的种类和数量最为丰富。到12月成年蜂虎和幼鸟已经准备扩散。它们当中的多数会向南分散至高纬度地区，最远可迁至南非东北部各省，迁徙距离最短为650千米。蜂虎在此最多停留三个月，到3月份再开始下一阶段的迁徙。它们会再次缓慢返回北方，越过繁殖区域到达低纬度的热带稀树草原，有时到达赤道附近。其他并未往南迁而是停留在繁殖区域的蜂虎也和它们一道往北缓慢迁徙。

南红蜂虎在繁殖季以外主要是以游荡者的身份而存在，喜欢以松散的群体在较大范围内游荡。它们采食当地较为丰富的食物——成群的蜜蜂，被大火或食草动物扰动而飞入空中的昆虫、一起孵出的虫子或白蚁、成群移动的沙漠蝗虫（见236～239页）等。

当南红蜂虎带着食物涌入并和周围邻居争吵时，
蜂虎筑巢的峭壁就变成了一座彩色的大舞台

Barn Swallow
家燕

▼ 家燕是非常优雅的飞行者，它们甚至连喝水都在飞行当中进行，它们会俯冲至池塘或湖泊的水面来喝一口水

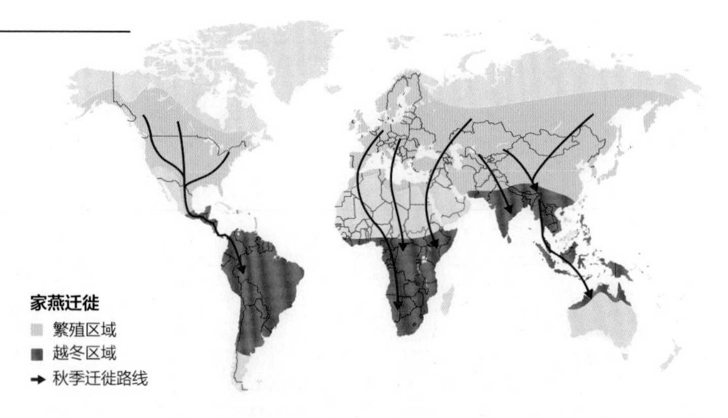

迁徙档案	
学　名	*Hirundo rustica*
迁徙路径	从北半球繁殖地迁往南半球的越冬地
迁徙距离	单程最长可达12 000千米
观察地点	美国、加拿大和欧洲的农田
迁徙时间	4—8月

家燕是北半球最受人喜爱的迁徙鸟类之一。它们通常和春季的到来相关，也一直被认为是好天气的预兆。家燕完全以天空为家，不紧不慢地迁徙，边走边吃。

家燕在英国被简称为“燕”，是讨人喜欢并真正遍布全球的一种鸟，也是世界上分布最广的燕类。它们在北半球除了北极地区以外的广阔地域繁殖，南半球在澳大利亚和北非的干旱地区以外的地方越冬。它们依赖繁茂的养牛牧场生存，在人造建筑上筑巢的习性将它们的命运和人为因素影响下的景观改造紧密相连；同时它们还吃掉大量的害虫，也使得它们成为农民的好朋友。

西方文化中将家燕的到来和春季相连可追溯至2 500年前，即公元前4世纪的古希腊。亚里士多德是第一位正确识别家燕迁徙的人。中世纪的一种广为流传的说法认为家燕在池塘底部的淤泥中冬眠，

这种见解一直流传至18世纪末期，现在我们从环志研究中了解到有关家燕的说法中有一些是有事实依据的。家燕的到来确实可以看作是非常可信的春季的预兆，而且繁殖地非常固定，它们会年复一年返回同一片繁殖地。一项在北美的研究发现，65%的成年家燕会返回前一年的巢，或者紧邻的巢。另一项研究则是在巢中捕捉到家燕后，将其带至1 725千米外放飞，结果它仍能较为容易地返回之前的巢穴。

晴好天气的象征

家燕依恋一种不可见的“栖息地”——天空中被太阳加热的一层薄薄的大气。在天气变冷时，那些供家燕进食的昆虫群几乎会在一夜之间全部消失。因此，它们的迁徙需要和当下的空气温度变化相一致。例如在寒冷的春季，家燕从越冬地返回北方时会比在温暖的春季飞得更慢，到得更晚；同样，在温暖的秋季，家燕会推迟南迁的时间，来充分利用这一难得的好天气。

家燕的繁殖区域在纬度上特别广阔，每年春季它们都要花费3个多月的时间来重新找到特定的繁殖区域。南部的家燕在3月就陆续到达，从而有充足的时间抚育3窝幼鸟，而最北边的繁殖种群，如阿拉斯加、斯堪的纳维亚和西伯利亚的种群，直到5月底或6月才到达，每对家燕只养育一窝幼鸟。但并非所有的家燕都是迁徙者，那些在墨西哥中部、西班

牙南部和埃及的种群是留鸟，在成百上千只家燕从遥远的地方经过这些区域时，它们却待在固定的栖息地。

日复一日

和多数小型食虫类鸣禽不同的是，家燕主要在白天迁徙，因此可以在飞行时捕捉食物（这一规律的最大例外是，它们在大型沙漠，如撒哈拉沙漠上空连续飞行时，则会选择在凉爽的夜间捕食）。家燕每天清晨出发，傍晚时聚集成数百只的大群，栖息在水中浓密的芦苇叶上躲避陆地上的捕食者。一些家燕，尤其是未成年的个体通常在特定的栖息地待几周，然后再继续前行，这意味着家燕的南北迁徙与其他长距离的迁徙者相比相当缓慢。

环志数据表明，北欧的家燕需要约10周的时间完成迁往南部非洲越冬地的旅行。它们平均每天迁徙150千米，但这一数字有一定的误导性，因为家燕走走停停，在每次飞行的间隙还会停歇。春季由于繁殖所需，家燕往北迁徙的速度会快一些，约是往南迁徙速度的2倍，通常在5～6周内即可完成。

家燕经常光顾越冬区域中的湿地和热带稀树草原，在那里结成超大群过夜。20世纪90年代末，博茨瓦纳的一个由34棵金合欢树组成的树丛可以栖息100万只家燕（每棵树约有3万只家燕），而约有500万只家燕（这个数字超过欧洲繁殖种群的8%）聚集在南非德班摩尔兰山附近的芦苇荡。后一个栖息地曾经受到新建机场的威胁，但2007年这一问题就得到了解决，机场建设项目暂缓实行。

不安的集会

停留在电话线或电线上叽叽喳喳的家燕群是夏末的显著标志。这种一年一度的集会有一系列的预兆：家燕会快速拍动翅膀、变换位置、相互追逐或兴奋地转圈。这种行为是“迁徙兴奋”最著名的例子之一，即迁徙种群在出发前会显得很烦躁。白天迁徙的物种，如家燕会在白天展示出这种迁徙兴奋；而夜间迁徙的物种，如鸫、林柳莺和莺亚科的物种则都在夜间变得躁动。

这群家燕在穿越东非的热带稀树草原时，在一棵金合欢树上停留休息

Willow Warbler
欧柳莺

▼ 几个月之内，欧柳莺存活下来的幼鸟将启程飞往非洲

在由欧洲和亚洲迁往非洲温暖气候区越冬的所有迁徙鸟类中，每5只就有一只欧柳莺，其繁殖后的成体和幼鸟总数几乎能够达到10亿只。这群小鸟会飞行数千千米，穿越山脉、海洋和沙漠往南迁徙。

迁徙档案	
学　名	*Phylloscopus trochilus*
迁徙路径	从欧亚大陆到撒哈拉以南非洲的越冬地
迁徙距离	单程可达4 000～14 000千米
观察地点	欧亚大陆北部和中部的林地和灌木丛
迁徙时间	4—5月

欧柳莺属于莺亚科，这是种以大量种群远距

离迁徙而闻名的亚科鸟类，和美洲的白颊林莺（见225～227页）没有亲缘关系。它们由于偏爱柳树林间的空地而得名，在多数繁殖区域内都是最常见的鸟类，其繁殖区域在10～22℃的7月等温线之间，往北可至北极苔原。在非洲的越冬区域，欧柳莺几乎占领了所有有树木分布的区域，包括金合欢稀树草原和常绿森林等。

当雄性欧柳莺在4月和5月占领繁殖地区，通过相互竞争来吸引配偶时，它们轻柔颤抖的鸣叫声在欧洲和亚洲的广阔大地上飘荡，这历来都被视为是春季到来的征兆。一只雄鸟鸣唱，会立马引发相邻鸟类参与鸣唱，进而整个森林或荒地就由于这些鸣叫合唱而变得充满活力。欧柳莺繁殖迅速，平均26～28天即可抚养一窝（4～8只）幼鸟，这样到7月底至8月时，它们就已经准备好往南迁徙了。

不同的旅程

通过对环志研究的个体每年监测得到的数据，我们对欧柳莺的迁徙模式已经非常了解。到2004年，英国鸟类学家已经标记了100多万只欧柳莺，其中2 500只随后又被捕获或者尸体被捡到。这个回收率在环志研究中属于上乘，为我们提供了可靠的数据源。环志回收的数据显示，欧洲西部的种群在秋季时向南或向西南迁徙，越过法国和西班牙，到达西非越冬。而斯堪的纳维亚半岛北部和东部的种群则偏向东南迁徙，在非洲中部、东部和南部越冬。在西伯利亚繁殖的种群迁徙路程最远。这些鸟先往南飞，之后再往西南方向飞过俄罗斯，它们当中的大多数会越过乌拉尔河，一直向前到达非洲南部，这是一场至少有14 000千米的马拉松式的旅程。欧柳莺将在9—12月到达非洲，到达的时间取决于迁

徙的起点。在越冬区域它们和当地鸟类结成松散的群体，在不同地区之间游荡，过着一种居无定所的生活。

飞行策略

通过对捕获的欧柳莺进行检测，揭开了这体重仅有8～12克的小鸟完成艰难迁徙的秘密。它们夜间迁徙，而白天则停下来采食，迅速补充能量。撒哈拉沙漠滚烫的沙子为欧柳莺的迁徙制造了非常大的障碍，在欧柳莺穿越大沙漠之前，它们会迅速储存足够的脂肪来完成迁徙：从在埃及捕获的欧柳莺来看，它们体内拥有足够的脂肪以支撑其利用两天三夜的时间跨越沙漠（白天休息）。

和其他许多迁徙鸟类一样，欧柳莺的迁徙期随着性别和年龄的不同而变化。秋季亚成体比成鸟先出发南迁，成鸟则在随后赶上或超过它们。亚成体先出发的原因可以从它们的身体结构看出端倪：亚成体羽翼更圆，成鸟则羽翼更长，这意味着亚成体在远距离迁徙中效率更低。另一方面，在春季的返回之旅中，雄鸟会比雌鸟早两周穿越欧洲，表明它们更早地从非洲出发。早出发使得雄鸟在雌鸟到达之前有足够的时间建造领地，等待潜在配偶的到来，在那里它们将成为最丰富的物种。

越来越多的证据表明气候变化正导致这种固有的迁徙模式发生变化。例如英国的欧柳莺在更加温暖的春季会提早一周产卵，与40年前相比也会更晚离开英国。

◀ 这只刚到繁殖领地的雄鸟正在无力忧郁地鸣唱。它每天会鸣唱数小时

▶ 撒哈拉沙漠无休止的扩张已经被认为是欧柳莺种群衰退的原因

正在扩大的沙漠

欧柳莺面临的最大威胁可能是非洲北部的干旱。萨赫勒地带分布在撒哈拉沙漠的南缘，从塞内加尔东部直到苏丹，它的沙漠化使曾经可靠的水源干涸，曾经的丛林绿洲变成光秃秃的沙地。这一状况在长期过度放牧的情况下更加恶化，结果是撒哈拉沙漠在往南扩张。这也减少了疲惫的迁徙鸟类在白天休息的机会，拉长了它们穿越撒哈拉沙漠的距离。尽管这一推论需要更加有效的证据，但萨赫勒地带的环境灾难也可能是近期春季返回繁殖地的欧柳莺数量下降的一个主要原因。20世纪80年代，欧柳莺种群数量快速下降，一些欧洲种群的数量甚至下降了30%以上。

Pied Flycatcher
斑姬鹟

斑姬鹟迁徙

- 繁殖区域
- 越冬区域
- 春季迁徙路线
- 秋季迁徙路线

斑姬鹟经过数千年的进化，已可以把向北方的迁徙调整得正好和欧洲森林毛虫的出现时期相吻合。而当今全球气候变暖又影响了这个长期的关系，斑姬鹟的迁徙和毛虫的出现时期在逐渐偏离。

迁徙档案	
学　名	*Ficedula hypoleuca*
迁徙路径	从欧亚大陆到西非越冬区域
迁徙距离	单程2 800～7 250千米
观察地点	欧洲开阔林地
迁徙时间	4—5月

斑姬鹟是鹟科（这个科包括约275种）的一种，

▶ 多数雌鸟独自抚养幼鸟。每只雌鸟都以某种方式，在缺少父亲亲鸟帮助的情况下独自抚养最多5只幼鸟

◀ 雄性斑姬鹟率先到达繁殖地，在雌鸟到来之前抢占领地。但斑姬鹟对爱情不够忠贞，杂交现象非常普遍

分布在欧洲、亚洲和非洲，因成年雄鸟身体上显著的黑白繁殖羽而得名（雌鸟和非繁殖期的雄鸟则呈浅棕色和白色）。它们是活跃的不知疲倦的鸟类，有着独特的习性——在停歇时会不停地拍打尾巴和翅膀。它们极少静止不动，会经常俯冲至叶面捕捉虫子，或者冲向空中去捕捉飞行中的苍蝇。在春季和夏初，毛虫是它们的主要食物，幼鸟几乎只以毛虫为食。因此对这些英俊的鸟儿来说，繁殖成功率和毛虫的数量密切相关。

毛虫盛宴

斑姬鹟的繁殖区域非常广，从西班牙往东，经欧洲中部和北部直达西伯利亚南部的林地。而毛虫的大爆发却随纬度大有差异。显然，对雌性斑姬鹟来说，选择特定的日期产卵，使得13～15天后幼鸟孵出的时间和毛虫爆发的时间相吻合将非常有利。为了达成这一目的，斑姬鹟必须精确地校准它们从西非热带地区的越冬地启程往北迁徙的时间。

斑姬鹟在非洲的越冬地无法预测繁殖地春季何时到来，那么它们如何能够准时返回呢？它们似乎已经进化到会选择正确的时间动身，以正确的迁徙速度使迁徙越来越完善，尽管其他因素仍有影响。斑姬鹟通常在3月或4月初返回北方，在4月中到5月初到达欧洲西部，在5月中到达斯堪的纳维亚半岛和西伯利亚。雄鸟一旦安全到达繁殖地，就开始鸣唱来宣告它们对活动地盘的占有。

步调不一致

20世纪80年代以来，欧洲春季气候逐渐变暖，使得毛虫出现得更早。进而斑姬鹟也需要更早地产卵。但是雌鸟迁徙之后首先要恢复体力，产卵的速度因而受到限制。另外，斑姬鹟似乎无法将从非洲出发的日期提前一周以上。一种理论认为这可能与气候变化以外的原因有关，比如昼长。

但是有确定的证据表明气候变暖正引发斑姬鹟在不合适的时期进行迁徙，这可能产生灾难性的后果。2006年在荷兰的一项研究表明，过去20年间，在迁徙时期最不合适的区域，斑姬鹟的种群数量下降了约90%。这一物种整体仍然较为常见，但如果气候变暖趋势加剧，斑姬鹟在某些地方种群数量下

◀ 斑姬鹟很乐意使用人工巢箱，这使得它们成为非常理想的研究对象

家，甜蜜的家

雄性斑姬鹟通常是一夫多妻，会同时拥有2～3只配偶。每只雌鸟都栖息在各自的领地，因此雄鸟需要同时保卫多个领地不受入侵者侵犯，包括其他的洞栖鸟类以及同种的雄性竞争者。它可能会抛弃第一个配偶，将所有时间都用在第二个配偶身上，或者在建立第二个家庭后，再返回原来的配偶那儿帮忙。无论哪种情况，即使雄鸟待在一个配偶身边时，雌鸟也会承担大部分的孵卵和育幼工作。

降的情况将会逐渐扩展。

伊比利亚便道

斑姬鹟在树洞中筑巢，但它们也很乐意使用人造巢箱。这意味着它们是理想的研究对象，鸟类学家能够观察每个标号巢箱中鸟类的去留。它们也是环志研究的常用物种，截至2004年，共有超过450 000只个体被捕捉和标记，而较高的环志回收率——到目前为止约3 500只——也为揭示该物种的迁徙策略提供了非常多的信息。它们秋季迁徙的一个最吸引人的特征是利用葡萄牙和西班牙西北部的停歇点或补充点。多数欧洲繁殖的种群行经这一区域的栓皮栎林，而东部繁殖者需要穿过欧洲大陆中部，往西迁徙较远的距离。

如同开长途车的司机需要停下来加油一样，斑姬鹟也会在中途停下来储存脂肪，为下一阶段迁徙做准备。它们会保卫各自的采食区，以浆果和昆虫为食，使体重增加1/4。脂肪储存完成后，它们会往南飞至直布罗陀海峡，从那里到达非洲距离最短。

Blackpoll Warbler
白颊林莺

▼ 白颊林莺很好地适应了迁徙，它们与相同大小的留鸟相比有更长的翅膀。其中迁徙距离最远的个体一生的迁徙距离相当于从地球到月球往返10次

白颊林莺迁徙

- 繁殖区域
- 越冬区域
- 春季迁徙路线
- 秋季迁徙路线

秋季，一些白颊林莺在西大西洋上进行连续三天不停歇的超长距离飞行。这一危险的横跨大洋的飞行比陆地飞行更快，但这些小型鸟类为此需要付出非常大的能量。

迁徙档案	
学　名	*Dendroica striata*
迁徙路径	从北美到南美洲的越冬地
迁徙距离	单程4 000～8 000千米
观察地点	阿拉斯加和加拿大的松树林
迁徙时间	5—6月

随着春雪融化，北美洲高纬度地区广阔的针叶

横渡大西洋的迷鸟

白颊林莺如果在迁徙途中遇到飓风，那些螺旋上升的大风、浓密的云层和猛烈的暴雨就意味着灾难。许多鸟会筋疲力尽，并跌落海中，而那些仍在空中停留的个体则无法正常飞行。有时会被卷入横跨大西洋快速移动的低气压中心，并落在欧洲西北部海岸。这些白颊林莺通常和风暴吹来的其他美洲陆生鸟如鸫、鸫和绿鹃等一同出现。这些迷鸟极少能存活较长时间，也无法返回美洲。由于大西洋的盛行风是东风，这些鸟类内在的迁徙机制无法引导它们往西越过大西洋。

林开始迎来从南方迁徙而至的许多鸟类。在这些夏季来访者中就有数不胜数的白颊林莺，它们也是这一地区凉爽潮湿的云杉和冷杉林中最为常见的繁殖鸟类之一。和其他迁徙动物一样，白颊林莺北迁是为了利用更长的白昼，以及季节性数量丰富的昆虫和蜘蛛，使得白颊林莺可以更快地养育后代。

每年5月或6月初，新到达的有着独特黑白色繁殖羽的雄鸟，用像昆虫鸣叫一样的尖叫声向不活跃的暗灰色的雌鸟介绍自己的领地。林莺的繁殖季很短：每一繁殖对的雌鸟在小树上用细枝和地衣建

秋季，白颊林莺越过西大西洋的迁徙刚好和飓风的高峰期吻合，因此它们会有被卷入加勒比海热带风暴的危险

造一个杯形巢，约用12天的时间在其中孵化3～5枚卵，之后夫妻双方再花约12天或更长时间共同抚养幼鸟。

繁殖期结束后，白颊林莺继续待在北方森林中储存脂肪，并完成换羽。成年雄鸟换上和雌鸟类似的相对不明显的“秋季羽毛”。8月，换上新装的白颊林莺开始离开夏季活动区域，最终所有个体都会在9月底离开。有迹象表明，随着秋季气温上升，林莺离开夏季活动区的时间会越来越晚，这可能是一种由气候变化引起的长期性行为转变。

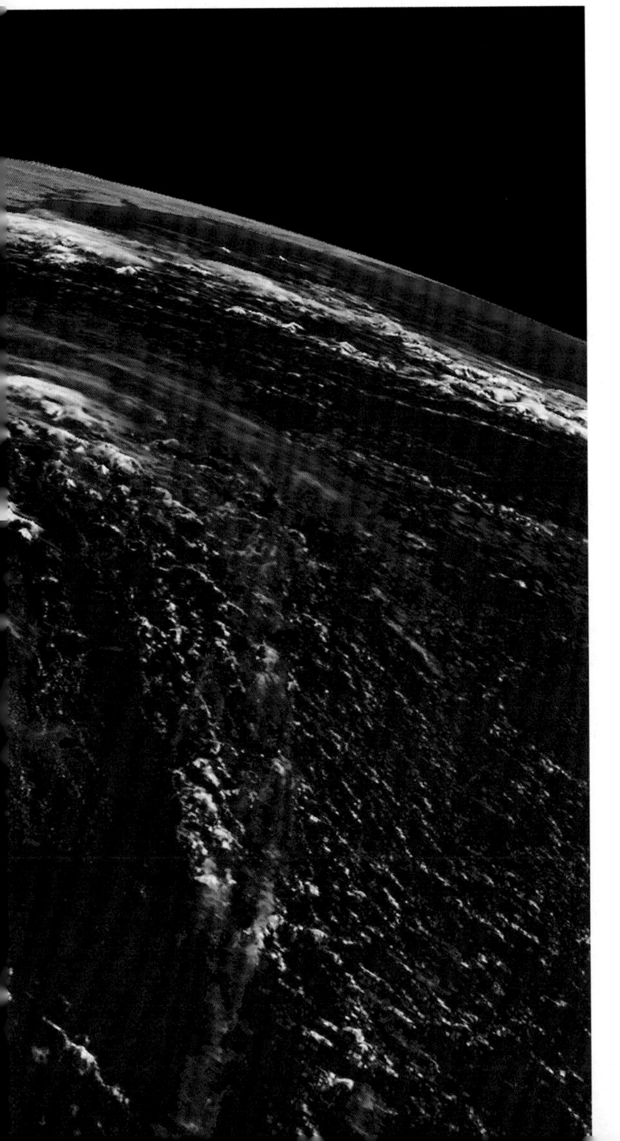

往东之后再往南

白颊林莺是林莺科的一员，但令人困惑的是，林莺科和莺科（见219～221页）没有亲缘关系，但二者却同样有许多长距离迁徙的物种，一些白颊林莺跨越海洋的旅程可以证明它们是只在美国和加拿大繁殖的约55种林莺中耐力和航行能力最好的。

白颊林莺在南美洲北部的热带森林或遮阴的咖啡种植园中过冬，偶尔飞至巴西南部，它们到达这些地方的路径是许多争论和研究的焦点。它们并非像我们想象中的那样直接越过美国中西部到达墨西哥湾，多数繁殖种群是逐渐往东南方向迁徙，经过五大湖地区到达美国新英格兰地区和加拿大滨海诸省海岸。白颊林莺会在这些地方短暂停留，之后许多白颊林莺会沿着东海岸往南迁，一些白颊林莺飞往佛罗里达之后越过加勒比海，而其他白颊林莺则最远只迁至北卡罗来纳，之后就迁往海洋，在不同海岛之间驻足，越过巴哈马群岛和西印度群岛到达南美。其余个体则一同避开东海岸，直接飞入大西洋。这些鸟类会往东南方向迁徙，直到强风将它们卷入移向西南直到加勒比海东部和委内瑞拉北部海岸的巨大环状风团中——它们将连续飞翔82～88小时。

飞得很高

白颊林莺为何要冒这么大风险穿越大西洋？答案是，由于地球的曲率，海洋迁徙路径比安全的陆地迁徙路径约短2 400千米。以这种方式绕地球一周的路径被称为“大圆”航线，商业飞机航线和鸟类都这样飞行。飞机飞得很高是为了利用稀薄的空气，鸟类也是如此。例如白颊林莺在高达5 000米的高空飞行，可能是为了寻找最佳的风向，或者是因为高空更加凉爽的空气使得它们奋力行进时的胸肌不至于过热。为了完成这个遥远的旅行，白颊林莺会在出发前大量采食，体重从平均11克增至20克。所有这些新增的脂肪都会在飞行中消耗殆尽——这远远超过了人体所能承受的范围。

春季，白颊林莺遵循不同的路径北迁。它们中的多数越过西加勒比海北迁，之后再穿过密西西比河沿岸和大平原，花费约5周的时间从墨西哥湾海岸到达阿拉斯加。

Hordes of Tiny Wings
大群微型飞行动物

▼ 上图：小豆长喙天蛾是强大的迁徙者，在地中海和北非越冬后往北迁徙

▼ 下图：夏季，迁徙的小红蛱蝶往北穿越欧洲，在有些年份甚至到达北极圈

许多昆虫能够进行长距离的复杂迁徙，尽管它们的大脑可能还不如这个句子最后的句号大。它们迁徙成功的秘诀就在于会结成庞大的群体顺风飞行，这样总会有些个体能够迁徙成功。

温带地区有无数种昆虫存在迁徙行为，它们中的许多到现在仍不为人所知，或者直到最近我们才有些微了解。它们当中的冠军自然是那些最强大的飞行者——蝴蝶、蛾子、蜻蜓和蝗虫，但是其他许多物种也有令人惊叹的旅程，包括瓢虫、黄蜂、飞虱，甚至是微小的蚜虫。和脊椎动物依赖一系列迁徙信号不同的是，昆虫通常对气温最为敏感。

昆虫对气温非常细微的变化都能做出反应，因此它们是非常好的气候变暖的指示者。夏季小红蛱蝶和小豆长喙天蛾从地中海和北非的越冬地往北迁徙的最高峰，在过去20～30年间正慢慢地提前。

昆虫能够迁徙极远的距离，有时甚至能跨越整个大洋。例如小红蛱蝶的迁徙群通常在1个月内会迁徙2 000千米。多数昆虫飞行的速度低于3米/秒，因此在没有盛行风或上升热流等外部动力来源的情况下，它们无法完成远距离迁徙。但是依靠天气系统也非常危险，它们将面临途中被吹散的风险，很多昆虫则会在途中丧生。

▶ 左图：澳大利亚的夜蛾以大群迁徙，它们白天在建筑物上聚集休息

▶ 右图：在高纬度地区，昆虫迁徙的决定因素通常是秋季的第一场霜冻和春季的最后一场霜冻

▼ 蝴蝶的翅膀由“甲壳质”的碳水化合物组成，这些甲壳质坚硬结实又轻便，对迁徙飞行非常有利

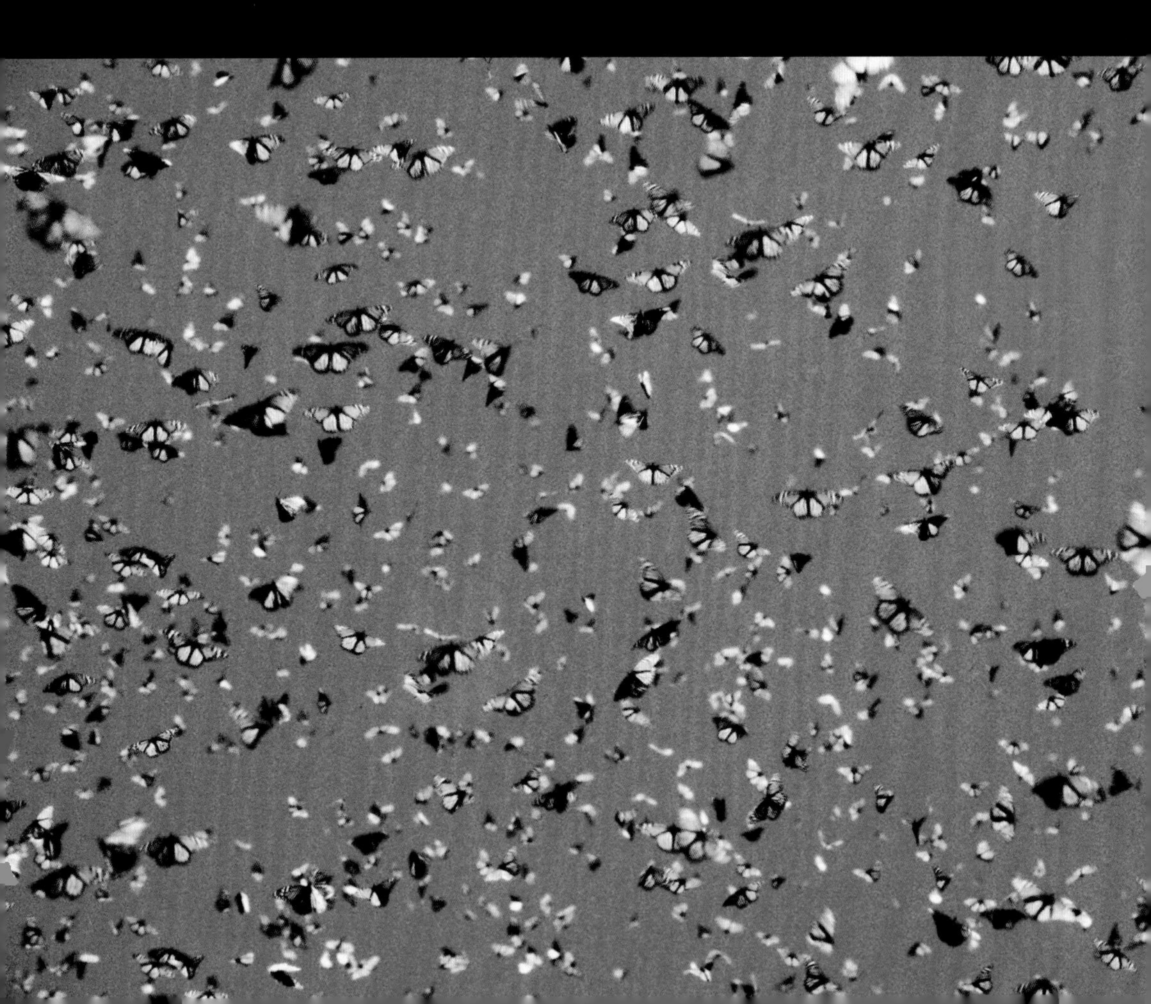

Monarch Butterfly
黑脉金斑蝶

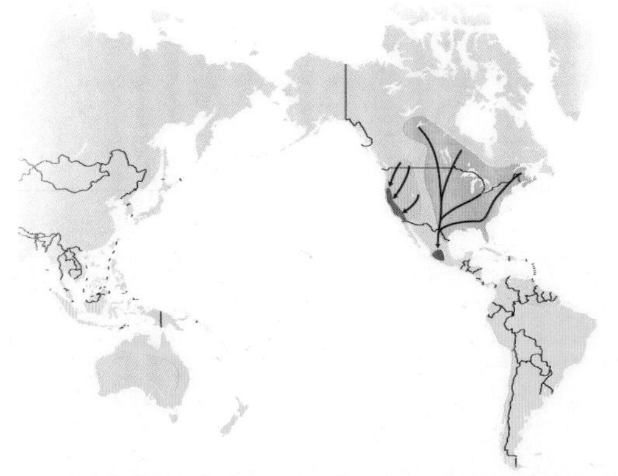

黑脉金斑蝶迁徙

- 北美西部繁殖区域
- 北美东部繁殖区域
- 最新占领的区域
- 越冬区域
- ➔ 秋季迁徙路线

▼ 成年黑脉金斑蝶在夏末和秋初会大量采食，为远距离迁徙和接下来的冬季储存能量。成群饥饿的黑脉金斑蝶会寻找花蜜丰富的花朵，它们包围花朵直到饮足花蜜，最终出发时，它们微小的身体里已经充满了脂肪

夏季临近时，会有超过一亿只黑脉金斑蝶结成密集的大群越过北美洲到达加利福尼亚和墨西哥的松林中越冬，它们在春季返回北方。这些橙色队伍是昆虫世界中的奇迹之一。

迁徙档案	
学　名	*Danaus plexippus*
迁徙路径	往来南方的越冬栖息地
迁徙距离	最长可达4 750千米
观察地点	墨西哥米却肯州埃尔罗萨里奥保护区
迁徙时间	2月至3月初

和多数温带地区的昆虫一样，黑脉金斑蝶也

进化出一套适应冬季寒冷天气的适应性特征。蝴蝶的成虫、卵、毛虫和蛹都没法承受加拿大或美国北部和中部冬季冰点以下的温度。对于黑脉金斑蝶来说，解决的途径就是每年往南迁徙到温暖安全的地带越冬，秋初逐渐变长和变冷的夜晚可能是迁徙的驱动因素。其他许多蝴蝶和蛾子，以及一些蜻蜓和昆虫都是中距离或远距离的迁徙者，但黑脉金斑蝶的迁徙尤其特殊，南迁的成蝶会活过整个冬季并完成返回之旅。

五个世代

黑脉金斑蝶的迁徙常常被描述为世代交接。在每个繁殖季，多达五个世代的蝴蝶会在北美生活、繁殖、死去。从产卵到成虫破茧而出之间约为34～39天，在天气温暖的条件下这一时间则会更短。夏末飞行的成蝶和之前的蝶类有很大的不同，它们没有性器官，以狂饮花蜜储存脂肪，这些新增的脂肪最终会达到它们体重的1/3。

8月底或9月上旬，黑脉金斑蝶就开始以胖胖的蝴蝶形态往南迁徙，它们的迁徙路线非常宽，不断有新的个体加进来，这条橙色大潮最终会聚集约数千万只蝴蝶。如今我们了解到，这些蝴蝶遵循很早就确定的迁徙路径迁徙，通常沿着诸如河谷、海岸或山脊等的“引导线”，每天迁徙约130千米。但是黑脉金斑蝶的迁徙是“停留—出发”的模式，在花蜜丰富的固定地区停留储存脂肪。

黑脉金斑蝶每夜都聚集成大群在树上栖息，这可能是利用前代迁徙种群留下的微弱的气味来找到它们传统的栖息地。那些美国西北部和加拿大西南部的种群（约500万只蝴蝶）的最终目的地是加利福尼亚海岸，它们停留在桉树和辐射松上休眠来度过冬季。加拿大和美国东部其余约一亿只蝴蝶则聚集在墨西哥中部火山带的数十个小片松林或杉树林中。

冬眠

越冬的黑脉金斑蝶的密度太高，它们栖息的树枝甚至会被蝴蝶压弯。但这并不意味着鸟类或其他食虫动物盛宴的到来，冬眠的蝴蝶身体表面有一层从幼虫的食物马利筋的汁液中富集而来的有毒物质，它们也因此而不会被捕食者采食。这些蝴蝶一直冬眠到2月或3月初，当它们苏醒时，扇动的翅膀可发出呼呼的声响。

黑脉金斑蝶在苏醒后数天内完成交配，之后往北迁徙。那些在加利福尼亚越冬的种群迁往加州的中央峡谷或内华达山脉山麓，在那里产卵并死去；而墨西哥种群飞往得克萨斯州南部产卵。这一世代的成年蝴蝶的最长寿命可达9个月，是所有蝴蝶中寿命最长的。后一世代的蝴蝶则在春季和夏季往北和更靠近内陆的地方迁徙，它们蛙跳式往前迁徙，重新占领它们的全部繁殖区域。

遥远的栖息地

昆虫学家曾经计算过，如果黑脉金斑蝶每秒钟拍打翅膀8～10次，它们在静止的空气中依靠自己的力量可以连续飞行1 000千米，但它们通常会飞上高空借助顺风的推力迁徙。它们也利用河边和岸边的边界流。秋季时，黑脉金斑蝶偶尔被吸入快速移动的天气系统中，天气系统会将它们带离既定路线，抛到遥远的海岸。这些偶然发生的事件对这个物种来说并不意味着灾难，它们已经以这种方式进入了夏威夷和澳大拉西亚。

这张照片是在加利福尼亚拍摄的。如今在加利福尼亚越冬的黑脉金斑蝶已经远近闻名，成为加利福尼亚和墨西哥的一个重要的旅游热点，吸引了四面八方当天往返的短途游客以及越来越多的外国旅游团。墨西哥政府也逐渐认识到生态旅游的价值，已经在埃尔罗萨里奥等地建造了多处黑脉金斑蝶的保护区

Green Darner
碧伟蜓

▼ 就体形来说，蜻蜓凭借强大的胸肌和四张能以多种方式拍打的翅膀，成为异常强大和灵活的飞行者

秋季，浓密的碧伟蜓群沿着美国东海岸迁徙。科学家通过它们身上安装的微型信号发射装置，初次追踪到它们的迁徙之旅，我们对这一壮观但极少为人们所知的现象有了新的认识。

迁徙档案	
学　名	*Anax junius*
迁徙路径	部分北美种群秋季会往南迁徙
迁徙距离	未知
观察地点	美国大西洋海岸
迁徙时间	9—10月

有超过50种蜻蜓，约占世界蜻蜓种类的1%，被

◀ 碧伟蜓（雌性）在短暂的夏季捕食蚊子和蠓虫等小虫，同时还要避免引起鹰的注意。身体的色彩为它们提供了伪装

无线电追踪蜻蜓

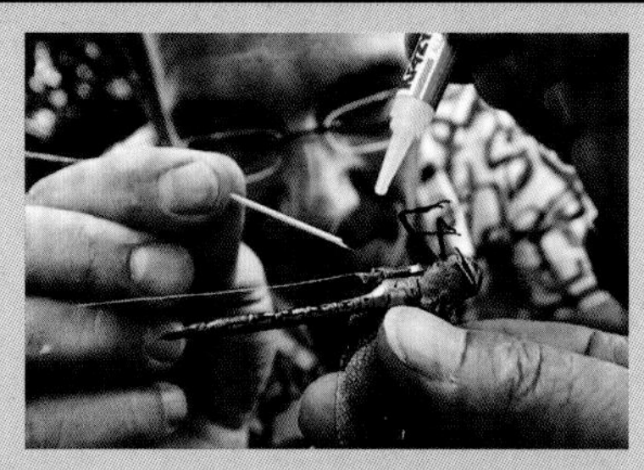

▶ 在给蜻蜓安置这种微型发射器时必须非常小心

由于研究对象的体形非常小，所以任何试图实时追踪昆虫迁徙的研究者都会面临这个无法逃避的问题。每只碧伟蜓的体重最多只有1.5克，发射器的重量需要远远小于这个值才不会对这一昆虫的正常迁徙有所影响。2005年，普林斯顿大学的一个研究组设计了一个重量仅为300毫克的电子追踪装置，这种装置可以使用睫毛黏合剂和超强力胶水的混合物粘在蜻蜓的胸部下方。每个发射器每秒钟产生两次脉冲，信号可以通过步行、汽车或配置有外接天线的低空飞行的塞斯纳飞机追踪。这种调查技术的一个大的缺点是发射器的电池寿命很短，这把对每只蜻蜓的追踪时间限制在10天以内。

认为是迁徙或者至少是部分迁徙的物种。这一数字可能是保守估计，因为在昆虫学领域中，我们对蜻蜓迁徙的了解较少。多数已知的迁徙蜻蜓都出现在温带地区，秋季的第一场霜冻是影响迁徙的关键因素。碧伟蜓即是其中的一种，其栖息范围包括北美洲大部分温带地区和更南的中美洲和加勒比海岛的热带区域。

碧伟蜓经过两三年的水下蛹时期发育为成体，成体只存活约4～7周，从夏季到秋季，都能在空中见到这些美丽鲜艳的无脊椎动物。它们的头部和胸部呈鲜绿色，闪光的翅膀上有黑色网状脉，腹部细长，雄性呈蓝色，而雌性则呈棕黄色。它们是中等体形的蜻蜓，身长可达6.5～7.5厘米，翼展约11厘米。和所有蜻蜓一样，碧伟蜓都是凶猛的捕食者，它们在池塘或湖边来回飞行，在空中捕捉和肢解其他昆虫。

秋季大批离开

通常认为夏季飞行的碧伟蜓会在同一片小区域内生活和死亡，除非它们的“生境”有巨大的变化（如干旱），从而迫使它们迁徙。但是在一年中较晚出现的成年蜻蜓中，至少有一些，或是大多数成体都是强大的迁徙者。这些蜻蜓在大致往南迁徙的过程中会聚集成非常大的群体，有时甚至达到引起灾难的规模，它们沿着地理实体如山脊、峭壁、河谷、湖岸和海岸等“引导线”迁徙。1992年9月的某一天，在仅仅75分钟内就有约40万只蜻蜓飞过美国新泽西开普梅角上空，其中多数是碧伟蜓。

在美国，秋季观察蜻蜓迁徙的最佳地点包括卡茨基尔山脉、阿巴拉契亚山脉、五大湖地区以及大西洋海岸地区。最大的迁徙发生在冷风过境时，因为寒冷的北风可能会驱使蜻蜓南迁。夜晚温度的突然下降，可能是蜻蜓出发的信号，如果连续两个夜晚温度下降，就意味着蜻蜓偏好的风正在到来。

一项开创性的对沿着美国东海岸移动的碧伟蜓的无线电追踪研究发现，它们会像鸟类那样迁徙。这些昆虫会规律性地停下来休息，补充体内的脂肪，同时避免在风力最强时迁徙，以免被吹离既定的迁徙路线。根据这项研究，碧伟蜓在秋季迁徙中能够移动超过700千米，这一发现在远距离微型无线电发射装置出现后被验证。

世代接力

碧伟蜓的迁徙是单程的：成年蜻蜓飞往南方后不会再返回，据推测是在产卵后死亡。春季返回北方的碧伟蜓有相对干净的没有痕迹的翅膀，这意味着它们应该是新变态形成的一个新世代的成体，而不是前一个世代的存活者。如果南迁的蜻蜓能够以成体越冬，再返回北方，那么它们的翅膀上应该伤痕累累才对。

Desert Locust
沙漠蝗虫

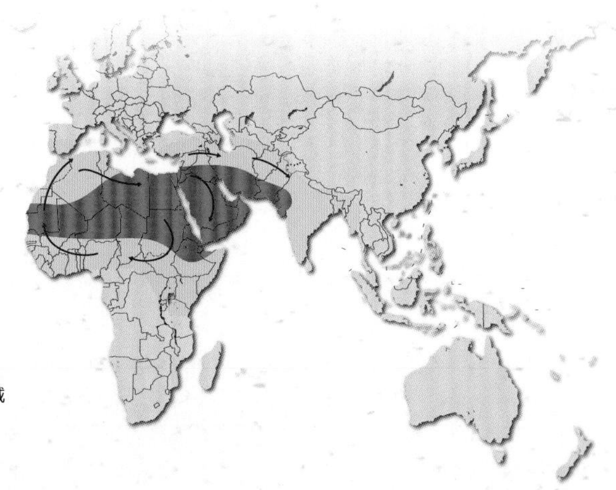
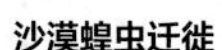

沙漠蝗虫迁徙

- 正常活动区域
- 潜在的入侵区域
- 主要迁徙路线

沙漠蝗虫种群会不时爆发。这些昆虫会变成贪婪的迁徙型，并往周围地区大规模入侵。蝗群会快速达到灾难的规模，它们飞过之后的所有地方只剩下光秃秃的茎梗。

迁徙档案	
学　名	*Schistocerca gregaria*
迁徙路径	迁徙群的周期性爆发
迁徙距离	最长可达数千千米
观察地点	西非
迁徙时间	飞蝗入侵是毫无规律的事件

一个非洲沙漠蝗虫群的生物量（体重）大得惊

人。其中最大的蝗虫群包括500亿只个体，覆盖面积达1 000平方千米，需要6个小时才能完全飞过你的头顶。这种大小的蝗虫群一天可吞食足供500个人吃一年的庄稼。更令人惊讶的是这些巨大的昆虫群通常在数天内就不知从何处冒出来。想要预测沙漠蝗虫种群何时爆发异常困难，但蝗灾的出现显然绝不是凭空而来。蝗灾是由蝗虫遇机即发的生活史引起的，这就造成了蝗虫“大起大落”的种群结构，即蝗虫种群会在毫无规则可言的时期突然增加。

集群的蝗虫

严格来说，“飞蝗”是指蝗科中周期性聚群的十来种蝗虫，但是其他许多种蝗虫也有种群爆发的行为，有时也被称为飞蝗。但真正的飞蝗只在炎热干旱的地区存在，尤其是热带地区。它们当中的许多都能给当地带来浩劫，主要包括澳洲疫蝗、南美沙漠蝗、亚洲飞蝗和沙漠蝗虫，分布范围从撒哈拉以南的非洲，往东穿越中东直到南亚。但是沙漠蝗虫却以极大的群体、超强的远距离迁徙能力以及对农业和数百万人生计可能产生的破坏能力而与其他蝗虫有所不同。

尽管被命名为沙漠蝗虫，但它们对栖息地却毫不挑剔。它们能在任何开阔或半开阔的地域生存，尤其是稀树草原和灌木丛。在干旱或正常降雨的年份，沙漠蝗虫都不会引起关注，很少被当地人注意，但是暴雨会改变这一切。

分裂的个性

倾盆大雨会造成新生植物的大爆发，促使雌飞蝗在潮湿的土壤中产卵。随后的降雨会促进蝗虫卵孵化，当降雨、温度和新鲜植物达到理想的组合状态时，就有无数个蝗虫卵被产下并孵化成功。蝗虫幼虫起初被称为“跳蝻”，是没有翅膀的采食机器，它们每隔24小时会采食与其自身体重相当的植物，并迅速发育，五次蜕去坚韧的外骨骼来促进生长。在第五次蜕皮后长出翅膀，变成成体。从产卵到性成熟的全部生活周期约为45天。

蝗虫平静的时期被称为“衰退期”，沙漠蝗虫稀疏扩散，但持续的降雨使得它们能够连续繁殖。拥挤促使它们变异，在数小时内，这些拥挤的跳蝻

2004年沙漠蝗虫入侵北非时，与大群的沙漠蝗虫相比，埃及吉萨金字塔这个人类历史上最伟大的成就之一都显得无足轻重

就会彻底改变外形和行为，从纯绿色变成有着鲜艳的亮黄色、橘色和黑色条纹的社会性个体。它们会释放一种不可抗拒的信息素，吸引周围更多的跳蝻加入，因此它们的数量会实现指数级增长。

当所谓的“群居型”跳蝻成熟后，其外表和行为与“散居型”的个体有很大不同。正常的成年飞蝗是棕色的夜行性独居个体，但这些群居型个体则是黄色的，有着更长的翅膀，且喜欢昼间活动。不久之后，它们就以密集的大群出发。它们远行的目的只有一个，即寻找新的领地产卵。它们的所有后代都会自动变为群居型。

随风远行

飞蝗群能够借助风力完成极远距离的迁徙。有时它们越过地中海，到达欧洲南部，穿过红海到达阿拉伯半岛，或者迁徙数百千米到达大西洋。1988年10月，一群沙漠蝗虫从西非到达加勒比海——这需要4～6天的飞行。在实验室条件下沙漠蝗虫最多只能连续飞行20个小时，这意味着其他额外的飞行时间都要借助于风力。

最严重的沙漠蝗灾能够入侵非洲和亚洲约3 000万平方千米的土地，相当于20%的地球陆地面积，造成的损失接近《圣经》所描述的世界末日的情景。最终，这些蝗虫群通常会由于食物缺乏、被捕食、疾病或恶劣的天气而消亡。

▲ 浓密的飞蝗群随风迁徙，身后留下一片荒芜

► 通过与其他蝗虫的身体接触，这只飞蝗发生了改变，变成群居形态

形态转变

沙漠蝗虫幼体为何以及如何从独居形态转变为高度社会性的迁徙形态呢？由生物学家斯蒂芬·辛普森领导的牛津大学的一个研究小组着手研究这种形态转变是否是由视觉信号、诸如信息素等的化学信号、身体接触或这些因素和其他因素共同作用引起的。他们发现视觉和嗅觉在形态转变中的作用很小，起决定作用的因素是身体接触。种群增长会减少幼虫的可用空间，使得个体之间身体接触更加频繁，当这种拥挤的状况达到临界值时，飞蝗就会变异。急剧的变化是由它们后腿上的感觉毛所激发的，这一区域由于能够激发蝗虫聚群而被称为沙漠蝗虫的“G点”。未来，杀虫剂可以通过对它们的G点脱敏，来阻止飞蝗聚集成大群。

Global Migration Hotspots
全球动物迁徙热点区域

动物迁徙毫无疑问是自然界最令人着迷的奇观之一。从天空中盘旋而过的大群迁徙水鸟到热带稀树草原上奔驰而过的羚羊群，从远洋航行鱼类的神秘聚集到海龟群费力地爬向产卵海滩，迁徙以其多样的形式取悦和吸引着我们。这个地名索引旨在展示一些地球上观察迁徙动物的最佳地点。这里所选的每个地点都能让人接触到壮观的迁徙事件，而且通常都能近距离地观看到。由于迁徙是季节性的，多数迁徙热点地区需要在每年的特定时间光临——不过，即便如此，我们也无法保证你一定能看到什么。耐心和毅力是野生动物观察者必不可少的特质。

太平洋

约占地球表面面积1/3的太平洋中上演着世界最多的动物迁徙。其中的海底山和遥远的岛屿是远洋生活的鲨鱼、龟类和海鸟光顾的场所，而鲸鱼则在温暖的热带海域繁殖。

北美洲

北美洲中西部超大群的野牛和叉角羚已经消失了很长时间，但这里仍有令人兴奋的奇观，包括长途跋涉的北极熊、大群的黑脉金斑蝶、犬吻蝠以及许多大群的迁徙鸟类。

中美洲和南美洲

中美洲是许多鸟类在温带繁殖地与热带和北方的越冬地之间的迁徙通道。近海便于隐蔽的海域是远洋生活的鱼类如鲸鲨的主要取食区域，离海岸稍远的加拉帕戈斯群岛则生活着具有独特繁殖迁徙习惯的加拉帕戈斯陆鬣蜥。南美洲最南端的巴塔哥尼亚的野生动物也较为丰富，可以见到处于繁殖期的企鹅、海狮和露脊鲸。

大西洋

非常多的海鸟、鲸类以及少数鱼类，如金枪鱼和鲨鱼，在大西洋高纬度的寒冷海域和温暖的热带海域之间迁徙。大西洋中脊的海岛是海龟和信天翁的繁殖地。

亚洲

在遥远的北方，苔原为远至澳大拉西亚的迁徙涉禽和水鸟提供了夏季栖息地。亚洲大陆东北岸的富饶海域吸引了众多海鸟和鲸类。中纬度地区起伏的大草原有许多游荡的食草动物，如黄羊、鹅喉羚和高鼻羚羊。南部的湿地和海岸则是许多迁徙涉禽的越冬地。

南极洲

世界上最考验耐力的壮举之一就是帝企鹅在冰冻大陆之间的来回跋涉。这个让它们筋疲力尽的马拉松迁徙发生在南极洲的冬季，因此在年底更容易看到企鹅。

非洲

撒哈拉以南非洲的热带稀树草原有大规模迁徙的羚羊、斑马、水牛和非洲象。最佳观看时期是在旱季结束时，此时动物会聚集在缩小范围的水源附近。或许最伟大的野生动物奇观是塞伦盖蒂-马萨伊马拉生态系统中的角马迁徙。这片草原似乎永远都处于奔跑当中（塞伦盖蒂在马萨伊语中是“无边无际的陆地”之意），这里也是摄影爱好者的天堂。

欧洲

欧洲没有大规模的哺乳动物迁徙，鸟类一直是最明显的迁徙者。数百万只雀类和猛禽会从非洲迁往欧洲繁殖。冬季，涉禽、鸫和水鸟从北极地区来到欧洲。其他壮观的迁徙包括欧洲鳗鲡、大西洋鲑，以及海龟和蠵龟返回地中海的产卵海滩之旅。

澳大拉西亚

澳大拉西亚在和其他大陆分隔4 500万年后，进化出了独特的动物区系。澳大利亚大陆干旱中心生活的许多物种都喜欢高度游荡的生活方式。澳大利亚和新西兰沿海是包括鲸类、龟类、海鸥和信天翁在内的许多迁徙物种的重要繁殖地。圣诞岛由于有数百万只圣诞岛红蟹在陆地和海洋之间迁徙而闻名于世。

北美洲

① 美国阿拉斯加州北极国家野生动物保护区

主要物种：驯鹿、北极熊、雪雁、戴氏盘羊

观察时期：6—7月

栖息地：海岸、苔原、高山

观光提示：最好请导游帮忙寻找野生动物

② 加拿大不列颠哥伦比亚省亚当斯河

主要物种：红大麻哈鱼

观察时期：8—10月

栖息地：发源于哥伦比亚山的大河

观光提示：每四年会有一次大规模的红大麻哈鱼迁徙

③ 加拿大马尼托巴省丘吉尔

主要物种：北极熊、白鲸

观察时期：10—11月（熊），7—8月（白鲸）

栖息地：海岸、苔原、冬季结冰的哈得孙湾

观光提示：这是最容易到达的观察北极熊的地方；每年夏季有超过3 000只白鲸会光顾丘吉尔河口

④ 美国堪萨斯州夏延洼地

主要物种：沙丘鹤、滨鸟

观察时期：3—4月

栖息地：湿地

观光提示：迁徙鸟类一个重要的停歇区域

⑤ 美国特拉华州的特拉华湾和新泽西州

主要物种：红腹滨鹬、碧伟蜓、滨鸟、鹰、白颊林莺

观察时期：5月底（滨鹬）；9—10月（其他物种）

栖息地：海滨、海滨泻湖、沼泽

观光提示：春季大规模的红腹滨鹬会在此停歇

⑥ 墨西哥下加利福尼亚半岛科特斯海

主要物种：灰鲸、座头鲸和抹香鲸

观察时期：1—3月

栖息地：有遮蔽的海岸海域

观光提示：近距离感受灰鲸

⑦ 墨西哥米却肯州埃尔罗萨里奥保护区

主要物种：越冬的黑脉金斑蝶

观察时期：2月至3月初

栖息地：山区冷杉林

观光提示：最好在晴天的早晨去参观

⑧ 墨西哥韦拉克鲁斯市

主要物种：斯氏鵟、红头美洲鹫，其他猛禽

观察时期：8—10月

栖息地：居民区、农田

观光提示：超过500万只猛禽会飞过这一观光点

中美洲和南美洲

⑨ 洪都拉斯海湾群岛

主要物种：鲸鲨、眼斑龙虾、海龟、玳瑁

观察时期：2—4月

栖息地：珊瑚礁和环礁

观光提示：这是西半球最长的堡礁的一部分

⑩ 委内瑞拉草原地带

主要物种：鹭类、鹮类、鹳类、树鸭

观察时期：11月至次年3月

栖息地：热带稀树草原、湿地

观光提示：水鸟的天堂，尤其是在旱季时

⑪ 巴西潘塔纳尔

主要物种：巴拉圭凯门鳄、白鹭、鹭类、许多迁徙的淡水鱼

观察时期：8—10月

栖息地：季节性泛滥的沼泽、林地和热带稀树草原

观光提示：鱼类会逆流而上繁殖，为许多凯门鳄和水鸟提供充足的食物

⑫ 阿根廷瓦尔德斯半岛

主要物种：南美企鹅、南海狮、南象海豹、南露脊鲸、逆戟鲸

观察时期：11月至次年1月

栖息地：沙砾海滩

观光提示：非常多的海洋生物聚集在此处繁殖；旁塔汤布是另一个好的观光点

太平洋

⑬ 美国夏威夷群岛

主要物种：座头鲸、海龟

观察时期：1—3月（座头鲸），全年（海龟）

栖息地：海岸浅海

观光提示：重要的座头鲸育幼海域；海龟有时会爬上岸晒太阳

⑭ 厄瓜多尔加拉帕戈斯群岛

主要物种：加拉帕戈斯陆鬣蜥

观察时期：6—7月

栖息地：火山熔岩地区、灌木丛

观光提示：极少数能观察到蜥蜴迁徙的机会

⑮ 哥斯达黎加科科斯岛

主要物种：路氏双髻鲨、其他大型远洋鱼类

观察时期：6—8月

栖息地：有强大上升流的海底山

观光提示：无与伦比的能在鲨鱼群中游泳的机会

大西洋

⑯ 英属阿森松岛

主要物种：海龟

观察时期：1—4月（成体），3—6月（幼龟）

栖息地：沙质海滩

观光提示：产卵的雌龟几乎会利用岛屿中所有合适的区域

⑰ 南大西洋南乔治亚岛

主要物种：南象海豹、南极毛皮海狮、游荡的信天翁、王企鹅

观察时期：11月至次年2月

栖息地：亚南极群岛

观光提示：有许多数量众多且能接近的野生动物

非洲

⑱ 毛里塔尼亚阿尔金沙洲国家公园

主要物种：滨鸟、燕鸥

观察时期：10月至次年2月

栖息地：潮间带泥滩、沙洲、小岛

观光提示：迁徙鸟类的重要越冬地和停歇地

⑲ 坦桑尼亚和肯尼亚塞伦盖蒂-马萨伊马拉

主要物种：角马、平原斑马、汤氏羚

观察时期：1—3月（角马产崽），6—8月（角马穿越格鲁美地河和马拉河）

栖息地：热带稀树草原

观光提示：分成多个阶段的旅程给我们提供了能够跟上迁徙动物步伐的最佳机会

⑳ **赞比亚卡桑卡国家公园**

主要物种：黄毛果蝠

观察时期：11—12月

栖息地：沼泽、森林

观光提示：清晨和黄昏时蝙蝠最为活跃

㉑ **博茨瓦纳奥卡万戈河三角洲**

主要物种：非洲象、水牛、平原斑马、水鸟

观察时期：5—6月

栖息地：洪水冲积而成的湿地

观光提示：此时正是哺乳动物的育幼期和鸟类的繁殖期

㉒ **南非克鲁格国家公园**

主要物种：非洲象、黑斑羚、平原斑马、白犀

观察时期：5—9月

栖息地：热带稀树草原、多棘疏林、林地

观光提示：干旱季节由于植被稀疏而有最佳的观看视角

欧洲

㉓ **西班牙塔里法海岸**

主要物种：白鹳、猛禽、雀类

观察时期：3—4月，8—9月

栖息地：海滩、峭壁、海角

观光提示：在清晨第一缕阳光出现时最容易看到正在疯狂采食补充能量的雀类；大群翱翔的鸟类会在白天温度最高时迁徙

㉔ **英国沃什湾、林肯郡和诺福克郡**

主要物种：红腹滨鹬、黑腹滨鹬、粉脚雁

观察时期：11月至次年3月

栖息地：潮间带泥滩、咸水沼泽

观光提示：涨潮时滨鸟群会聚集在岸边

㉕ **荷兰、德国和丹麦的瓦登海**

主要物种：鸭、雁、滨鸟

观察时期：全年

栖息地：浅海海岸海域、潮间带泥滩、咸水沼泽

观光提示：数百万只水鸟和滨鸟在此越冬

㉖ **罗马尼亚多瑙河三角洲**

主要物种：卷羽鹈鹕、红胸黑雁

观察时期：4—6月（繁殖的水鸟），11月至次年3月（越冬的水鸟）

栖息地：河流、湖泊、芦苇沼泽

观光提示：夏季和冬季有欧洲最大的水鸟群

亚洲

㉗ **克什米尔拉达克赫米斯公园**

主要物种：雪豹、野羊、野山羊

观察时期：1—2月

栖息地：山地

观光提示：这个公园约有100只行踪难寻的雪豹

㉘ **印度拉贾斯坦邦凯奥拉德奥国家公园**

主要物种：鸭、雁、鹤、猛禽

观察时期：10月至次年3月

栖息地：沼泽、林地、灌丛

观光提示：许多越冬水鸟和猛禽从遥远的北方迁徙的目的地

㉙ **中国香港米埔**

主要物种：滨鸟（多达25种）

观察时期：4—5月

栖息地：泥滩、红树林、虾池

观光提示：迁徙水鸟去往北极的必经之地

㉚ **俄罗斯堪察加半岛**

主要物种：短尾鹱、海雀、灰鲸

观察时期：6—7月

栖息地：岩石海岸、近海水域

观光提示：夏季，这一火山半岛周边的富饶海域是数百万只海鸟和许多鲸类的采食地

㉛ **马来西亚沙巴州西巴丹岛**

主要物种：海龟、玳瑁

观察时期：7—8月

栖息地：珊瑚礁

观光提示：在这一地区每次潜水都能看到数十只龟类

澳大拉西亚和南极洲

㉜ **澳大利亚圣诞岛**

主要物种：圣诞岛红蟹

观察时期：11月至次年1月

栖息地：岩石海滩

观光提示：红蟹最新的迁徙信息可以从当地广播中得知

㉝ **澳大利亚卡卡杜国家公园**

主要物种：鹊雁、澳洲鹈鹕、湾鳄

观察时期：7—8月

栖息地：洪水冲积而成的湿地

观光提示：旱季是最佳的野生动物观光期

㉞ **澳大利亚西澳大利亚州宁加卢礁**

主要物种：鲸鲨、蝠鲼

观察时期：3—4月

栖息地：珊瑚礁

观光提示：有可能和这些巨大的滤食性动物一起潜水

㉟ **新西兰南岛凯库拉**

主要物种：信天翁、抹香鲸

观察时期：6—8月

栖息地：靠近海岸的深海沟

观光提示：观看信天翁和抹香鲸的好地方

㊱ **南极半岛**

主要物种：帝企鹅、阿德利企鹅、白眉企鹅、各种信天翁和海燕、座头鲸

观察时期：12月至次年1月

栖息地：浮游生物丰富的南极海域

观光提示：观光航船通常一起访问南乔治亚岛、南奥克尼群岛和南设得兰群岛

Glossary
术语表

爆发(eruption)：从某一特定区域大规模迁出，也称为“冲入或入侵”。

北方的(boreal)：和北半球高纬度的温带森林相关的，主要是针叶林如冷杉、云杉和松树等。

部分迁徙(partial migrant)：有些物种并非所有个体都有规律性迁徙的行为，只有特定地区或特定年龄和特定性别的个体才进行迁徙。

垂直迁徙(vertical migration)：动物按照固定的日节律或季节性节律，在山岳的高海拔和低海拔之间，或海水和湖水水面和水底之间的规律性移动。山地的垂直迁徙也称为“海拔间迁徙”。

大圆航线(great circle route)：地球表面两点之间的最短距离，行程中须为此随时调整方向。

导航(navigation)：为了达到特定目标而沿着特定路线的移动，需要对当前位置和目的地之间的距离有所了解。也见于“定位”。

地磁感应(geo-magnetic sense)：某些动物感知地磁场用以确定航向的能力。

地磁罗盘(magnetic compass)：指示地磁场的罗盘。

定居者(resident)：全年固定在同一区域活动的个体或种群，也称为“非迁徙”物种或“固定”的物种。

定位(orientation)：使用一系列外部信号坚持前往特定方向的移动。也见于“导航”。

浮游生物(plankton)：以庞大数量漂浮在淡水或咸水中，尤其靠近水面的一系列小型或微型生物，包括植物、海藻、细菌、原生动物、甲壳动物，以及大型动物的幼虫等。

固定不动(sedentary)：见定居者。

管鼻鸟(tubenose)：鹱形目的一类鸟，包括信天翁、海鸥和海燕，它们从喙衍生出管状鼻管。

归家冲动(philopatry)：动物待在或返回特定地点去繁殖或采食的倾向。

海拔间迁徙(altitudinal migration)：动物在高海拔和低海拔区域间的季节性移动，这种移动也称“垂直迁徙”。

环志(ringing)：在鸟腿上安装有编号和返回地址的金属环的技术，当这只鸟被捕捉或死亡后被发现时，能够借此追踪它的迁徙路径。

换羽(蜕皮)迁徙(moult migration)：某些鸟类、爬行类和海洋哺乳动物到特定区域换羽或蜕皮的移动。

急流(jet stream)：高纬度地区的一种快速移动的气流。

鲸类(cetacean)：海洋哺乳动物中鲸目的成员，包括鲸鱼、海豚和鼠海豚。

鲸须(baleen)：悬在须鲸上颌骨缝缘板上的灵活的角质状部件，能够在须鲸采食时从海水中过滤出浮游生物，也被称为“鲸骨”。

宽广迁徙面(broad front)：指没有明显的由景观或其他特征导致的迁徙便道，迁徙者在很大的范围内沿着喜好的方向扩散的一种行为。也见于“狭窄迁徙面”。

扩散(dispersal)：生态学中动物从当前栖息地往外移动的过程，通常没有固定的方向或距离。

猛禽(raptor)：昼行性捕食性鸟类，如隼、鹰、雕和鹗等。

迷鸟(vagrant)：由于定位错误或迁徙途中不可预料的状况而偏离正常活动范围或迁徙路径的个体。

南方的(austral)：和南方或南半球有关的，如南方夏季。

年节律(circannual rhythm)：身体活动或功能的年周期，有无昼长等外界信号的影响都没有太大关系。也见于“生物钟”“日节律”。

平台发射终端(PTT)：安装在动物身上用于定位的卫星信号追踪装置，发射的信号能够被绕地卫星的ARGOS线阵接收。

迁出(emigration)：动物从某一区域往外扩散或迁徙。

迁徙(migration)：从某一区域到另一区域的

有明确目的的移动，通常在特定季节或时间，遵循事先设定的路线到达熟悉的目的地，在生物一生当中可能会有一次或多次迁徙。

迁徙分离（migratory divide）：两个或更多不同迁徙方向的繁殖种群区分开来进行迁徙，不同迁徙种群间有一条虚拟的分界线，在分界线的一侧，迁徙者以一种方向前行（例如西南方向），在另一侧则往另一个方向移动（如东南方向）。

迁徙通道（flyway）：迁徙鸟类、昆虫或蝙蝠年复一年使用的无形的迁徙走廊或空中线路。

迁徙兴奋（zugunruhe）：意思是"迁徙不安"，指迁徙鸟类在迁徙之前的兴奋状态，在雀形目鸟类中最为突出。

迁徙者（migrant）：任何有迁徙行为的生物。

趋声性（phonotaxis）：朝向一个特定声音的定位。

雀类（passerine）：雀形目的一些成员，包括一半以上的鸟类，有时统称为鸣禽。

日节律（circadian rhythm）：无须外界信号，身体活动或功能每隔24小时就会重复的周期性规律，也见于"生物钟""年节律"。

摄食过量（hyperphagia）：迁徙前的大量采食，储存脂肪作为养料。

生物钟（biological clock）：从微小的面包酶到人类的几乎所有生物体内的一个"时钟"，用来控制生理和行为的时间。

顺河而下（catadromous）：大部分时间在淡水生活，但到海洋中产卵的鱼类。参见"溯河而上"。

溯河而上（anadromous）：大部分时间在海洋生活，但到淡水中繁殖的鱼类。参见"顺河而下"。

太阳罗盘（sun compass）：通过太阳的位置来定位。

弹出式记录标记（PAT）：安装在水生动物身上的数据记录仪，可以在储存信息后收回，通常用来研究海洋鱼类和龟类的移动。

逃离迁移（escape movement）：从因暴风雨或雪灾等而突然变得极不适宜生存的地区大规模迁出的行为。

停歇地（staging area）：许多迁徙者在迁徙途中停留的地点，通常用来休息和补充能量，但有时也用来换毛，也称为"补给站"或"停歇地"。

纬度间迁徙（latitudinal migration）：在高纬度和低纬度之间的迁徙。

卫星遥感（satellite telemetry）：利用发射终端追踪动物移动的技术。

无线电追踪（radio-tracking）：对装有无线电发射器的动物进行追踪和定位。

狭窄迁徙面（narrow front）：迁徙者从很大的范围里聚集在一起，沿着海岸和半岛或通过狭窄的峡谷或其他地形标志迁徙。也见于"宽广迁徙面"。

星辰罗盘（star compass）：通过夜空星辰的位置来定位的罗盘，取决于动物感知星辰位置围着固定点旋转的能力。

引导线（leading line）：迁徙者在旅途中用来定位的地形如海岸、湖边或山脊等。

游荡（nomadic）：动物没有固定的方向或迁徙线路的大范围移动。

远洋生活（pelagic）：生活在海洋中，通常指远海活动的移动范围很广的海洋生物。

Photographic Credits
摄影师名录

FLPA/HS =Frank Lane Picture Agency/Holt Studios
FLPA/IB =Frank Lane Picture Agency/Imagebroker
FLPA/MP =Frank Lane Picture Agency/Minden Pictures
FLPA =Frank Lane Picture Agency
NOAA =National Oceanic Atmospheric Administration
NPL =Nature Picture Library
P/OSF =Photolibrary/Oxford Scientific Films
PH/NHPA =Photoshot/NHPA
USFW =US Fish and Wildlife Service

I页 全景视觉
II～III页 Corbis/Stuart Westmorland
V页 Corbis/Jonathan Blair
VI～001页 全景视觉
002～003页 LPA/IB
004页 NHPA/John Shaw
005页 Corbis/Paul Souders
006页 Corbis/Bettman Archives
007页 Corbis/Ron Sanford
008页 NASA
009页 Corbis/Nick Garbutt
010～011页 FLPA/Flip Nicklin/MP
012页 NPL/Dietmar Nill
013页 NPL/Michael D Kern
014页 Alamy/Visual & Written SL
015页 P/OSF/Martyn Colbeck
016页 FLPA/Francois Merlet
017页 Corbis/Romeo Ranoco
018页 NPL/Markus Varesvuo
019页 Corbis/Paul A Souders
020页 NPL/John Waters
021页 Corbis/Hinrich Baesemann/dpa
022～023页 Corbis/DLILLC
024页 NPL/Doug Perrine
026页 Corbis
027页 Ardea/George Reszeter
029页 P/OSF/Doug Allan
030～031页 NPL/Dietmar Nill
033页 FLPA/MP/Michael Durham
034～035页 PH/NHPA/Michael Patrick O' Neill
036页 FLPA/Martin B Withers
037页 FLPA/Reinhard Dirscherl
038页 P/OSF/Thorsten Milse
039页 Mary Evans Picture Library
040页 Alamy/Imagebroker
041页 NPL/Doug Perrine
042页 NPL/Andy Sands
043页 NOAA/G. De Metrio
044页 FLPA/MP/Cyril Ruoso
045页上 USFW/Togiak National Wildlife Refuge/Gail Collins
045页下 Scott Shaffer et al (PNAS, August 22 2006,vol. 103 no. 34) © 2006 National Academy of Sciences, USA
046页 P/Craig Aurness
047页 Corbis/Transtock
048页上 PH/NHPA/George Bernard
048页下 Corbis/Du Huaju/Xinhua Press
049页 NPL Andrey Zvoznikov
050～051页 Corbs/Jeffrey Arguedas/epa
052～053页 Corbis/Winfried Wisniewski
054页 FLPA/MP/Michio Hoshino
055页 Corbis/Theo Allofs
056页 Corbis/Zefa/Alan & Sandy Carey
057页 Corbis/Hans Strand
059页上 Alamy/Bryan & Cherry Alexander Photography
059页下 Corbis/Daniel J Cox
060～061页 FLPA/MP/Colin Monteath
061页左 Corbis/Daniel J Cox
061页右 FLPA/MP/Zhinong Xil
062页 Corbis/Paul A Souders
064页 FLPA/MP/Michael Mauro
065页 FLPA/MP/Jim Brandenburg
066页上 Corbis/Bettmann
069页下 Ardea/Robyn Stewart
069页上左 Corbis/Nigel J Dennis
069页上中 Corbis/Martin Harvey
069页上右 Corbis/Karl Ammann
070～071页 Corbis/Peter Johnson
073页 NPL/Anup Shah
074～075页 Corbis/Tim Davis
077页 NPL/Tony Heald
078页下 Corbis/Yann Arthus-Bertrand
079页上 Corbis/Kevin Schafer
079页下 FLPA/ Frans Lanting
080页 Corbis
080～081页 Corbis/Frans Lanting
082页 NPL/Gertrud & Helmut Denzau
083页 George Schaller/Wildlife Conservation Society, New York
084 页 Alamy/John Warburton-Lee Photography
085页 NPL/Solvin Zankl
086页 NPL/Solvin Zankl
087页 Ardea/M Watson
088～089页 Corbis/Paul Souders

090页 Corbis/Frans Lanting
091页 Ardea/Francois Gohier
093页上 Alamy/Alexandra Morrison
093页下 Corbis/Michael S Yamashita
094页 Ardea/D Parer & E Parer
095页 FLPA/Tui De Roy
096页 FLPA/MP/Pete Oxford
097页 全景视觉
098～099页 Corbis/Zefa/Markus Botzek
100～101页 Corbis/Roger Garwood & Trish Ainslie
103页下 NPL/Jurgen Freund
104～105页 Corbis/Stuart Westmorland
106页 Corbis/Paul A Souders
107页 FLPA/MP/Flip Nicklin
108页 Rex Features/Phil Rees
109页 FLPA/Flip Nicklin
110页 P/OSF/Gerard Soury
112～113页 Alamy/Mark Conlin
114页 FLPA/Flip Nicklin
115页 Corbis/Dan Guravich
116页 Corbis/Dan Guravich
117页 Corbis/Staffan Widstrand
118～119页 Corbis/Theo Allofs
120页 FLPA/MP/Flip De Nooyer
121页 PH/NHPA/Michael Patrick O' Neill
123页上 NPL/Doug Perrine
123页下 NPL/Doug Perrine
124页 FLPA/IB/J W Alker
126页上 NPL/Jurgen Freund
126页下 PH/NHPA/Kevin Schafer
127页 全景视觉
128页 NPL/Doug Perrine
129页上 NPL/Doug Perrine
129页下 Dominguez S. Malavieille J. &Lallemand S. E.: Deformation of accretionary wedges in response to seamount subduction-insights from sandbox experiments Tectonics, 19, 1, 182-196, 2000
130～131页 Sea Pics, Hawaii/Paul Humann
132～133页 Corbis/Louie Psihoyos
134页 NPL/Jurgen Freund
135页 Getty Images / National Geographic/ Brian J Skerry
136～137页 Corbis/Zefa/Tobias Bernhard
138页 Corbis/Jeffrey L Rotman
139页 Alamy/Visual & Written SL
140页 Alamy/CuboImages srl
142页 FLPA/MP/Jim Brandenburg
143页 NPL/Michel Roggo
144页 Corbis/Sanford/Agliolo
145页 NHPA/Daniel Heuclin
146页 P/Rodger Jackman
147页 FLPA/Terry Whittaker
148页 FLPA/D. P. Wilson
149页上 NPL/Jeff Rotman
149页下 FLPA/MP/Norbert Wu
150～151页 Ardea/Ken Lucas
152～153页 Getty Images/David Tipling
154页右 FLPA/MP/Flip Nicklin
155页 PH/NHPA/Linda Pitkin
156～157页 P/OSF/Perrine Doug
158页 FLPA/MP/Fred Bavendam
159页 NPL/Chris Gomersall
160～161页 NPL/Georgette Douwma
162～163页 Corbis/Layne Kennedy
164页 NPL/Rolf Nussbaumer
166页 FLPA/Fritz Polking
167页 FLPA/HS/Chris & Tilde Stuart
168～169页 Alamy/Malcolm Schuyl
170～171页 NPL/Tom Vezo
172页 PH/NHPA/Brian Hawes
173页 Corbis/Ralph A Clevenger
174页 Ardea/Ian Beames
175页 Corbis/Darrell Gulin
176页 Alamy/Steve Bloom Images
177页上 FLPA/MP/Hiroya Minakuchi
177页下 NPL/Chris Gomersall
178～179页 PH/NHPA/Dave Watts
180页 NPL/Nature Production
181页 Alamy/Chris Gomersall
182页 NPL/Chris Gomersall
183页 FLPA/Robert Canis
184～185页 Ardea/Duncan Usher
186页 P/OSF/Konrad Wothe
187页 FLPA/Dickie Duckett
188页 FLPA/MP/Jim Brandenburg

189页 Corbis/Lech MuszyÒski
190页 PH/NHPA/Kevin Schafer
191页 Getty Images/Stone/Will & Deni McIntyre
192~193页 FLPA/MP/Tom Vezo
194页 Corbis/Theo Allofs
195页 FLPA/John Watkins
196页 NPL/Tom Hugh-Jones
198页 FLPA/MP/Yva Momatiuk /John Eastcott
199页 FLPA/Mark Sisson
201页 PH/NHPA/Stephen Krasemann
200页 Corbis/Arthur Morris
202~203页 PH/NHPA/Roger Tidman
204页 PH/NHPA/Jari Peltomaki
205页 FLPA/Mark Sisson
206页 FLPA/MP/Michael Quinton
207页 FLPA/Malcolm Schuyl
208页 FLPA/S & D & K Maslowski
209页上左 FLPA/Malcolm Schuyl
209页上右 PH/NHPA/Andy Rouse
209页下 NPL/Vincent Munier
210页 P/OSF
211页 Alamy/Tom Uhlman
212页 P/OSF/Daybreak Imagery
213页 FLPA/MP/Mitsuaki Iwago
214~215页 FLPA/Philip Perry
216~217页 NPL/Kim Taylor
218页 NPL/John Downer
219页 PH/NHPA/Alan Barnes
220页 FLPA/HS/Mike Lane
221页 Corbis/Remi Benali
222页 FLPA/Derek Middleton
223页 FLPA/Derek Middleton
224页 NPL/David Kjaer
225页 FLPA/David Hosking
226~227页 NOAA (http://apod.nasa.gov/apod/ap040903.html)
228页上 FLPA/IB/Andreas Pollok
228页下 FLPA/IB/André Skonieczny
229页上左 Rex Features/Finlayson/Newspix
229页上右 NPL/Larry Michael
229页下 Corbis/Frans Lanting
230页 PH/NHPA/T Kitchin & V Hurst
232页 Ardea/Jean Paul Ferrero
233页 PH/NHPA/John Shaw
234页 P/OSF/Scott Camazine
235页 © Christian Ziegler/Smithsonian Tropical Research Institute, Panama
236~237页 Corbis/Pierre Holtz
239页 PH/NHPA/Stephen Dalton
封面图 全景视觉
** 书中插图系原书插图*